了凡四训

[明] 袁了凡 —— 著

蒋维乔 —— 译

贵州出版集团
贵州人民出版社

图书在版编目（CIP）数据

了凡四训 /（明）袁了凡著；蒋维乔译. -- 贵阳：贵州人民出版社，2024.6（2025.2重印）
ISBN 978-7-221-18326-2

Ⅰ．①了… Ⅱ．①袁… ②蒋… Ⅲ．①《了凡四训》Ⅳ．① B823.1

中国国家版本馆CIP数据核字（2024）第092487号

了凡四训

LIAOFAN SI XUN

[明] 袁了凡 / 著　蒋维乔 / 译

出 版 人	朱文迅
责任编辑	严　娇
出版发行	贵州出版集团　贵州人民出版社
地　　址	贵阳市观山湖区中天会展城会展东路SOHO公寓A座
印　　刷	三河市宏达印刷有限公司
版　　次	2024年6月第1版
印　　次	2025年2月第3次印刷
开　　本	890毫米×1240毫米　1/32
印　　张	5.5
字　　数	79千字
书　　号	ISBN 978-7-221-18326-2
定　　价	49.00元

如发现图书印装质量问题，请与印刷厂联系调换；版权所有，翻版必究；未经许可，不得转载。

序言

我记得年纪十五六岁的时候，身弱多病，先君叫我看《了凡四训》。我看了大大地觉悟。虽然对书中所引用佛法一类的话不大明白，也不去管他。总觉得这部书，好得了不得。就把他的功过格，画成小册子。把每天一言一动，照样记下来。每夜结算，每月总结，每年底一大结。做了两三年，的确过日少，功日多，向来浮躁的气质也大大地改变了。如今想起来，这一生的做人处世，不至于放肆，完全靠这本书的奠基。所以这部书，在我的脑筋里，印象十二分的深。

去年的秋天，黄涵之居士到我寓中，袖中拿出

《了凡四训》白话解释稿,要我替他修改以后,再去排印。我敬佩黄君的苦口婆心,劝人为善,并且虚怀若谷,一定要问道于盲,哪里敢推辞呢?不过我在学校里功课很多,年老精神不济,多用一点心,往往要失眠。就对黄君直说,要等到寒假时候,有点空闲功夫,一定把稿细心地修改。黄君很原谅我,就答应而去。

我想修改这部注释,是为了劝化世人,同归于善,并不是为与黄君的私交关系。况且这部书,是我年少时候最得他的益的,应该做完这份工作,报答了凡先生。从寒假开始,我就把各种经手时间一概料理清楚,专心一意,竭二十几天的心力,把这部稿子毫不客气地尽量修改。现在居然修改完了,未曾失约,觉得心中很是愉快。我不敢说这部稿子经我修改后,一点错误没有,但我确已尽心竭力,绝不敢有疏忽。

黄君现在要把这部书付印,还要我写一篇序文,我就把这次修改的因缘用几句话写出来,以塞责罢了。

岁次癸未七一叟蒋维乔叙于因是斋

目录

立命之学

一、万般都是命，半点不由人？　002
二、命由我作，福自己求　007
三、天作孽，犹可违　012
四、修身立命，积德祈天　018
五、惟命不于常，道善则得之　022

改过之法

一、发心改过　032
二、改过方法　038

积善之方

一、积善之家,必有余庆　　048

二、善念至诚,可以动天　　053

三、以其无私,故成其私　　057

四、平冤减刑,深合天心　　061

五、一点善心,万般勋德　　064

六、真善与假善　　068

七、端善与曲善　　072

八、阴善与阳善　　074

九、是善与非善　　076

十、偏善与正善　　079

十一、半善与满善　　082

十二、大小难易看动机　　087

十三、行善妙方有十味　　091

目　录

谦德之效　　　　　　　105
书信附录　　　　　　　117
诗歌附录　　　　　　　141
云谷禅师授袁了凡功过格　149
编后记　　　　　　　　155

立命之学

一、万般都是命,半点不由人?

原文:

余童年丧父,老母命弃举业①学医,谓:"可以养生,可以济人,且习一艺以成名,尔父夙心也。"

后余在慈云寺,遇一老者,修髯伟貌,飘飘若仙,余敬礼之。语余曰:"子仕路中人也,明年即进学,何不读书?"余告以故,并叩老者姓氏里居。曰:"吾姓孔,云南人也。得邵子②皇极数正传,数该传汝。"

余引之归,告母。母曰:"善待之。"试其数,纤悉皆验。余遂启读书之念,谋之表兄沈称,言:"郁海谷先生在沈友夫家开馆,我送汝寄学甚便。"余遂礼郁为师。

立命之学

孔为余起数：县考③童生，当十四名；府考七十一名；提学考第九名。明年赴考，三处名数皆合。复为卜终身休咎，言：某年考④第几名，某年当补廪⑤，某年当贡⑥，贡后某年，当选四川一大尹，在任三年半，即宜告归，五十三岁八月十四日丑时，当终于正寝，惜无子。余备录而谨记之。

自此以后，凡遇考校，其名数先后，皆不出孔公所悬定者。独算余食廪米九十一石五斗当出贡，及食米七十一石，屠宗师即批准补贡，余窃疑之。后果为署印杨公所驳，直至丁卯年，殷秋溟宗师见余场中备卷，叹曰："五策，即五篇奏议也，岂可使博洽淹贯之儒，老于窗下乎！"遂依县申文准贡，连前食米计之，实九十一石五斗也。

余因此益信进退有命，迟速有时，澹然无求矣。

注释：

① 举业：古代科举考试的学业。

② 邵子：邵雍，北宋著名理学家，善卜数，著

有《皇极经世书》。该书是一部运用易理和易数推演自然与社会变迁的著作。

③县考：县考又称县试，即县令主持的考试，为童试的第一场。明清时期，考取秀才需要经过县考、府考、提学考三级考试，三级考试全部通过则为秀才。府考为知府主持的考试，为童试的第二场。提学考由提学主持。

④年考：又称岁考，有两项内容，即对秀才的测试或者对童生的测试。

⑤廪：廪生。明清时期的秀才经过岁考和科考的进一步选拔、拿到国家的米粮后，称为廪生。

⑥贡：贡生，明代成绩优异者被选入京师的国子监读书的秀才，有资格当官。

蒋维乔译：[1]

我童年就失去了父亲，母亲命我放弃科举功名改学医术。她老人家说："学医可以养生活己，也能济

---

[1] 蒋维乔有时并非逐字逐句地翻译，或简或繁，有其自己的阐释。——编者注

立命之学

世活人；而且医术高明，名满天下，这也是你父亲的愿望。"因此我听从了母亲的意思，放弃了考试做官的念头，而改学医。

有一天，在慈云寺遇到了一位神态凛然、酷若神仙的老人，我很礼貌地跟他打招呼，他对我说："你有做官的命，明年就可以考取秀才，为什么不读书呢？"我只好告诉他原因，并请教老人的姓名与府居。老人说："我姓孔，云南人，得有邵子《皇极经世书》正传，命该传你。"

于是我就接引孔老人回到家里暂住，并将情形告诉了母亲。母亲要我好好地招待老人家，并屡次试验老人的命学理数，竟然不管巨细都非常灵验。因此我就相信孔老人的话，起了读书的念头，并与表兄沈称商议此事，表兄说："郁海谷先生在沈友夫那里开有学馆，我送你到那里读书，这样也方便。"于是我便拜郁先生为师。

孔老人为我起数算命，说我县考童生必得第十四名，府考得第七十一名，提学考试得第九名。到了

次年,三场考试真的都考取了,而录取的名次也确实都符合老人的预言。因此我就再请老人为我卜占终身之吉凶祸福。孔老人算定的结果,说我某年考第几名,某年补上廪生缺,某年当贡生,而后某年入选为四川知县,在任三年半即离职归乡,五十三岁八月十四日丑时,寿终正寝而无子。这些我都把它记录了下来。

从此以后,凡碰到了考试,名次的先后,都不出孔老人的预料。孔老人还算定,我命中注定须领用九十一石五斗的廪生米,才能升为贡生,但当我领到七十一石之时,上司即允我补贡,因此我就怀疑孔老人语言的准确性。没想到,我的补贡结果还是被驳回,直到丁卯年(1567年),殷秋溟宗师看到我的试卷,发现策论做得很好,不忍埋没人才,就吩咐县官替我呈文,正式升补贡生。计算所领之廪生米粮,又确实是九十一石五斗。

因此我更相信"升官发财,迟速有时;富贵在天,生死有命"的命运理数,所以看淡一切,听其自然,无所企求了。

立命之学

二、命由我作，福自己求

原文：

贡入燕都①，留京一年，终日静坐，不阅文字。己巳归，游南雍②，未入监，先访云谷会禅师于栖霞山中，对坐一室，凡三昼夜不瞑目。

云谷问曰："凡人所以不得作圣者，只为妄念相缠耳。汝坐三日，不见起一妄念，何也？"

余曰："吾为孔先生算定，荣辱生死，皆有定数，即要妄想，亦无可妄想。"

云谷笑曰："我待汝是豪杰，原来只是凡夫。"问其故，曰："人未能无心，终为阴阳所缚，安得无数？但惟凡人有数；极善之人，数固拘他不定；极

恶之人，数亦拘他不定。汝二十年来，被他算定，不曾转动一毫，岂非是凡夫？"

余问曰："然则数可逃乎？"

曰："命由我作，福自己求。《诗》《书》所称[③]，的为明训。我教典中说：'求富贵得富贵，求男女得男女，求长寿得长寿。'夫妄语乃释迦大戒，诸佛菩萨，岂诳语欺人？"

余进曰："孟子言'求则得之'，是'求在我者也'[④]。道德仁义，可以力求；功名富贵，如何求得？"

云谷曰："孟子之言不错，汝自错解耳。汝不见六祖说：'一切福田[⑤]，不离方寸[⑥]；从心而觅，感无不通。'求在我，不独得道德仁义，亦得功名富贵；内外双得，是求有益于得也。若不反躬内省，而徒向外驰求，则求之有道，而得之有命矣，内外双失，故无益。"

注释：

① 燕都：又名燕京，今北京。

立命之学

② 南雍：又称南监，南京的国子监。

③《诗》《书》所称：《尚书》所述"天作孽，犹可违；自作孽，不可活"，意思是天降之祸仍然可以避免，而自己所造的恶果一定逃避不了；这里与"命由我作"呼应。《诗经》所述"永言配命，自求多福"，意思是要配合天命自己追求福祉；这里与"福自己求"呼应。

④ 语见《孟子·尽心上》："求则得之，舍则失之，是求有益于得也，求在我者也。"意为：追求就会得到，放弃就会失去，这说明追求有益于获得，因为追求的是自身的东西。

⑤ 福田：福祉。

⑥ 方寸：内心。

蒋维乔译：

后来到燕京国子监去读书，我留京一年，终日静坐，也懒于读书求进。己巳年（1569年），又回到南京。有一天到栖霞山，拜访云谷禅师，我和云谷禅师对坐一室，有三日之久不曾睡觉。

云谷就问我说："凡人之所以不能成圣成贤，是因为被杂念及欲望缠住了；你静坐三天，不起杂念，不胡思乱想，必有原因。"

我说："我被孔老人算定，荣辱生死，皆有定数，妄想也没用！"

云谷笑道："我以为你是豪杰，原来只是个凡夫！"我问为什么，他说："人若不能达到无心的境界，难免会被阴阳气数控制，若被阴阳气数控制，当然就有定数。但也只有凡夫俗子才有定数；极善之人，命运约束不了他；极恶之人，命运也约束不了他。二十年来，你被命运控制，动弹不得，真是凡夫俗子一个！"

我问他说："一个人的命运，能逃得了吗？"

云谷说："命运的好坏由自己决定，福祉也靠自己追求，《诗经》《尚书》所说的这类道理，确实是明训。佛教经典里头也说过，'求富贵得富贵，求男女得男女，求长寿得长寿'，这都不是乱讲的。说谎是释迦的大戒，诸佛菩萨岂敢骗人。一个人只要肯做善事，命运就拘束不了他。"

我说："孟子提过'求则得之'，是'求在我者也'。道德仁义能够力行自求，功名富贵须待他人赏赐，如何求得到？"

云谷说："孟子的话并没说错，是你未能深入去了解。六祖慧能禅师曾经说过：'一切福田，不离方寸；从心而觅，感无不通。'人只要从内心自求，力行仁义道德，自然就能赢得他人的敬重，而引来身外的功名富贵。人若不知反躬内省，从心而求，而只好高骛远，祈求身外的名利，则就算用尽心机，也是两头皆空。"

三、天作孽，犹可违

原文：

因问："孔公算汝终身若何？"余以实告。云谷曰："汝自揣应得科第否？应生子否？"余追省良久，曰：

"不应也。科第中人，类①有福相，余福薄，又不能积功累行，以基厚福；兼不耐烦剧，不能容人；时或以才智盖人，直心直行，轻言妄谈。凡此皆薄福之相也，岂宜科第哉？

"地之秽者多生物，水之清者常无鱼，余好洁，宜无子者一；和气能育万物，余善怒，宜无子者二；爱为生生之本，忍为不育之根，余矜惜名节，常不能舍己救人，宜无子者三；多言耗气，宜无子者四；喜饮铄②精，宜无子者五；好彻夜长坐，而不知葆元毓神③，宜无子者六。其余过恶尚多，不能悉数。"

注释：

① 类：似乎。

② 铄（shuò）：损害，毁坏。

③ 葆（bǎo）元毓（yù）神：葆，通"保"，保护；毓，养育。

蒋维乔译：

云谷又问："孔老人到底算你终身命运如何？"我从实详述了过往的经历。云谷说："你认为自己应该得功名吗？应该有儿子吗？"我想了很久才说：

"不应该。官场中的人似乎都有福相，而我福相轻薄，又未能积德以造福，加之不耐烦、度量狭窄、纵情任性、轻言妄谈、自尊自大等无福之相，怎么当得了官！

"俗语说'地秽多生物，水清常无鱼'，我好洁成癖，形同孤寡相，是无子一因；脾气暴躁，缺乏养育万物之和气，是无子二因；仁爱是化育之本，刻薄是不育之因，我一向独善其身，不能舍己为人，同情别人，是无子的三因。其他还有多话耗气，好酒损精，好彻夜长坐不知养护元气精神……这些都是无子之因。"

原文：

云谷曰：

"岂惟科第哉。世间享千金之产者，定是千金人物；享百金之产者，定是百金人物；应饿死者，定是饿死人物。天不过因材而笃，几曾加纤毫意思。

"即如生子，有百世之德者，定有百世子孙保之；有十世之德者，定有十世子孙保之；有三世、二世之德者，定有三世、二世子孙保之；其斩焉无后者，德至薄也。

"汝今既知非，将向来不发科第，及不生子之相，

立命之学

尽情改刷。务要积德,务要包荒①,务要和爱,务要惜精神。从前种种,譬如昨日死;从后种种,譬如今日生:此义理再生之身。

"夫血肉之身,尚然有数;义理之身,岂不能格天②?《太甲》③曰:'天作孽,犹可违;自作孽,不可活。'《诗》云:'永言配命,自求多福。'孔先生算汝不登科第,不生子者,此天作之孽,犹可得而违;汝今扩充德性,力行善事,多积阴德,此自己所作之福也,安得而不受享乎?《易》为君子谋,趋吉避凶;若言天命有常,吉何可趋,凶何可避?开章第一义,便说:'积善之家,必有余庆。'汝信得及否?"

注释:

① 包荒:包容。原指容纳污秽,后泛指包容。

② 格天:感动上天。

③ 《太甲》:《尚书》中的篇名,主要记述伊尹对商王太甲的规训之词。

蒋维乔译：

云谷说：

"照你这样讲，世间不应得到的事还多得很，岂仅功名之事。世界上的人，能享千金财富的，一定是有千金福的人；能享百金财富的，一定是有百金福的人；饿死之人，一定也有饿死的缘由。上天只不过'因材施教，因势利导'而已，并未加丝毫力量。

"传宗接代的事也一样，但凭个人积德之厚薄。有百世功德之人，必有百世子孙可传；有十世功德者，必有十世子孙可传；有二世、三世功德者，必有二世、三世子孙可传；那些绝嗣者，必是无功德之人。

"你既然知道自己的缺点，那就应将不能考取功名与没有儿子的表相尽量改掉。化吝啬为施舍，化偏激为和平，化虚伪为虔诚，化浮躁为沉着，化骄傲为谦虚，化懒散为勤奋，化残忍为仁慈，化刻薄为宽容，尽量积德，尽量包涵，珍惜自己，别糟蹋自己。以前种种譬如昨日死，以后种种譬如今日生，这样必能去除身上的病根，重新获得仁义道德的新身体。

立命之学

"血肉之身,假若必有定数,那么义理之身,必能感天动地而获福。《太甲》说:'天作孽,犹可违;自作孽,不可活。'《诗经》也提过:"人若能念念不忘,想想自己所作所为是否合乎天心,合乎天道,就一定能得到好报应。孔老人算你当不到大官、没有儿子,是天作之孽还可避免,只要你扩充德行,广积阴德,多作善事,则自己所造的福,哪有不应的道理?《易经》一书,专谈趋吉避凶的道理,若说命运不能改变,则吉又如何趋?凶又如何避?《易经》有言:'积善之家,必有余庆。'福及子孙,你相信吗?"

四、修身立命，积德祈天

原文：

余信其言，拜而受教。因将往日之罪，佛前尽情发露，为疏一通①，先求登科，誓行善事三千条，以报天地祖宗之德。

云谷出功过格示余，令所行之事，逐日登记；善则记数，恶则退除，且教持《准提咒》，以期必验。

语余曰：

"符箓家有云：'不会书符，被鬼神笑。'此有秘传，只是不动念也。执笔书符，先把万缘放下，一尘不起。从此念头不动处，下一点，谓之混沌开基②。由此而一笔挥成，更无思虑，此符便灵。凡

立命之学

祈天立命,都要从无思无虑处感格。

"孟子论立命之学,而曰:'夭寿不贰。'夫夭寿,至贰者也。当其不动念时,孰为夭,孰为寿?细分之,丰歉不贰,然后可立贫富之命;穷通不贰,然后可立贵贱之命;夭寿不贰,然后可立生死之命。人生世间,惟死生为重,曰夭寿,则一切顺逆皆该之矣。

"至'修身以俟之',乃积德祈天之事。曰'修',则身有过恶,皆当治而去之;曰'俟',则一毫觊觎,一毫将迎,皆当斩绝之矣。到此地位,直造先天之境,即此便是实学。

"汝未能无心,但能持《准提咒》,无记无数,不令间断,持得纯熟,于持中不持,于不持中持。到得念头不动,则灵验矣。"

余初号"学海",是日改号"了凡";盖悟立命之说,而不欲落凡夫窠臼也。

注释:

① 为疏一通:写了一篇祷文。为,写;疏,僧

道拜忏时所烧的祈祷文；通，篇。

②混沌开基：混沌初开，万物始成。开基，开始。

蒋维乔译：

从此我猛然顿悟，将往日之过失，在佛前诚心坦白忏悔，并且作了一篇祷文，先求登科，誓做三千件善事，以报答天地祖宗养育的恩德。

云谷禅师指点我，将每日所作的善事，都记在功过簿上，如有过失，则须功过相抵。云谷禅师教我念诵《准提咒》，以期有所应验。

他又说：

"符箓家说过：'不会画符，是会被鬼神嘲笑的。'画符跟念咒有异曲同工之妙。画符时，必须不动意念，一点尘心都不起。此际心如止水，如晴空万里，开笔一点，叫混沌开基。由此一气呵成，一挥而就，心无杂念，则此符必灵。为人处世，在祈祷天地以改造命运上的道理也一样，必须时刻处在此无思无虑的状态之中，则人心即是天心，必然能感动天地而得福。

立命之学

"孟子立命之学也说过：'夭寿不二，修身以俟之，所以立命也。'一般人都认为夭与寿，是两种截然不同的遭遇。孟子为何说是一样的呢？试想，人心若能处于不动欲念之境，随遇而安，善尽生之职责，命必然过得踏实，那么还有什么夭与寿之分别呢？进一步而言，丰歉、贫富、穷通、贵贱等也都只是在心存欲念之后才有分别。正因为世人心存妄念，不能以静心处理顺境，以善心安于逆境，因此生死就变成严重的二面，一切吉凶祸福、毁誉是非、穷通贵贱，也就困扰着世人。

"至于'修身以俟之'，乃是积德祈天的事。人若能修身养性，去恶向善，安于顺逆现实，时刻处于不动丝毫非分之念的'明心似镜'的地步，则离'返本回原，归根复命'的境界已不远，这便是实学。

"还未达到此'无心'之境的人，只要时时刻刻持念《准提咒》，念到滚瓜烂熟，有持如无持，无持似有持，到了念头不动时，就灵验了。"

因此，我就把外号"学海"改为"了凡"，以纪念了悟立命之道理，而不落凡夫俗子之窠臼。

五、惟命不于常，道善则得之

原文：

从此而后，终日兢兢，便觉与前不同。前日只是悠悠放任，到此自有战兢惕厉①景象，在暗室屋漏中，常恐得罪天地鬼神；遇人憎我毁我，自能恬然容受。

到明年，礼部考科举，孔先生算该第三，忽考第一，其言不验，而秋闱中式②矣。

然行义未纯，检身多误：或见善而行之不勇，或救人而心常自疑；或身勉为善，而口有过言；或醒时操持，而醉后放逸。以过折功，日常虚度。自己巳岁发愿，直至己卯岁，历十余年，而三千善行始完。

立命之学

时方从李渐庵入关,未及回向③。庚辰南还,始请性空、慧空诸上人,就东塔禅堂回向。遂起求子愿,亦许行三千善事。辛巳,生男天启。

注释:

① 惕厉:警惕、畏惧的样子。

② 秋闱中式:乡试考中举人。秋闱,乡试,每三年举行一次,通过者为举人。

③ 回向:回转自己所修之功德而趋向所期。

蒋维乔译:

从此以后,时时小心谨慎,便觉心安理得与前不同。往日常常放荡忧郁、六神无主,到此变成了战战兢兢、小心谨慎的景象,即使处暗室之中,也都害怕获罪于天地鬼神而时加警惕;碰到了有人骂我、毁谤我,也能淡然处之,不予计较。

到了第二年(1570年)又去燕京参加礼部考试,孔老人算定我应该得第三名,却考取了第一名,孔老

人的话开始失灵了。到了秋期举人考试,也出乎孔老人的意料,我得以考中。

然而冷静检讨,还是感觉修养不够,譬如:行善而不彻底,救人而心存疑虑;或身行善而口不择言;或平时操持守节,而醉后放荡不拘。用过错来抵消功劳,许多日子便这样虚度了。因此,我从己巳年(1569年)发愿,到了己卯年(1579年),历时十多年,才行毕三千善事。

那时我正跟随李渐庵先生去关中办事,来不及将所积功德回转众生。隔年回到故乡,即请了慧空、性空诸位高僧于佛堂还愿,并再发求子之愿,许下再行三千善事,以赎此生之过。至辛巳年(1581年),就生了一个男孩,取名天启。

原文:

余行一事,随以笔记;汝母不能书,每行一事,辄用鹅毛管,印一朱圈于历日①之上。或施食贫人,或买放生命,一日有多至十余圈者。至癸未八月,

立命之学

三千之数已满,复请性空辈,就家庭回向。九月十三日,复起求中进士愿,许行善事一万条。

丙戌登第,授宝坻知县。余置空格一册,名曰《治心编》。晨起坐堂,家人携付门役,置案上,所行善恶,纤悉必记。夜则设桌于庭,效赵阅道[②]焚香告帝。

汝母见所行不多,辄颦蹙曰:"我前在家,相助为善,故三千之数得完;今许一万,衙中无事可行,何时得圆满乎?"

夜间偶梦见一神人,余言善事难完之故。神曰:"只减粮一节,万行俱完矣。"盖宝坻之田,每亩二分三厘七毫。余为区处,减至一分四厘六毫,委有此事,心颇惊疑。适幻余禅师自五台来,余以梦告之,且问此事宜信否?

师曰:"善心真切,即一行可当万善,况合县减粮,万民受福乎!"

吾即捐俸银,请其就五台山斋僧一万而回向之。

孔公算予五十三岁有厄,余未尝祈寿,是岁竟无恙,今六十九矣。

注释：

①历日：日历。

②赵阅道：赵抃，北宋名臣。《宋史·赵抃传》记载："（赵抃）日所为事，入夜必衣冠露香以告于天，不可告，则不敢为也。"

蒋维乔译：

我每行一善，就用笔记起来；你母亲因为不会写字，每行一善就用鹅毛管在日历上印一个红圈。譬如施舍物品救济穷人，买物放生，等等，有时一天就印了十几个红圈。这样继续行善积德，只用了两年的时间，三千善事就做完了，于是我又请了性空前辈，再到佛堂还愿。这一年的九月十三日，我再发中进士之愿，许下再行一万件善事的诺言。

经过了三年，我就考中了进士，当了宝坻知县。我准备一本空格簿册取名《治心编》，交代门人，早晨将之放于办公桌上，凡所行善事恶事，务必详录在册。晚上则设香案于庭院，仿效北宋的赵阅道祷告

立命之学

天地。

你母亲见所行善事不多,经常担心地说:"以前在家乡,我帮助你行善,所以三千件善事很快就完成;现居衙门中无善可行,何日才能达成一万件善事之愿,完成功果呢?"

有一天夜里,我梦见了神灵前来指点说:"只下令减收百姓粮租一事,即可抵一万件善事的功果了。"原来宝坻县的田租甚高,每亩须缴二分三厘七毫的租税,我为此筹谋计划,将每亩土地的租税减低至一分四厘六毫。虽然确有此事,但心里总是怀疑:做这么一件事何能抵得万善?刚好有位幻余禅师自五台山来,我就将梦里的事告诉他,并向他请教这能否相信。

他说:"只要真诚为善,切实力行,那么即使是一善也可以抵万善,何况全县减租,万民受福,当然是一善足以抵万善。"

于是我就捐献薪俸,拜托禅师回山时,代我请一万个僧人吃饭,以表还愿回向之诚心。

孔老人曾算我五十三岁有灾难，我并未为了此事祈祷，或发愿添寿，而那一年也平安无事地度过，至今我已六十九岁了。

原文：

《书》曰："天难谌，命靡常。"①又云："惟命不于常。"②皆非诳语。吾于是而知：凡称祸福自己求之者，乃圣贤之言；若谓祸福惟天所命，则世俗之论矣。

汝之命，未知若何。即命当荣显，常作落寞想；即时当顺利，常作拂逆想；即眼前足食，常作贫窭③想；即人相爱敬，常作恐惧想；即家世望重，常作卑下想；即学问颇优，常作浅陋想。

远思扬祖宗之德，近思盖父母之愆④；上思报国之恩，下思造家之福；外思济人之急，内思闲己之邪。务要日日知非，日日改过；一日不知非，即一日安于自是；一日无过可改，即一日无步可进。

天下聪明俊秀不少，所以德不加修、业不加广者，只为"因循"二字，耽阁一生。云谷禅师所授立命

立命之学

之说，乃至精至邃、至真至正之理，其熟玩而勉行之，毋自旷也。

注释：

① 天难谌（chén），命靡常：天命很难相信，因为其变化无常。谌，相信。这两句出自《尚书·咸有一德》。

② 惟命不于常：天命并非恒久不变。本句出自《尚书·康诰》。

③ 贫窭（jù）：贫困。

④ 愆（qiān）：过失。

蒋维乔译：

《尚书》说："天难谌，命靡常。"又说："惟命不于常。"这是很有道理的，所谓命运之说，并非一成不变。从此我深知：凡是说人生祸福惟天定者，必是凡夫俗子；若说祸福凭心定，安身可以立命者，必是圣贤豪杰。

了凡四训

你的命，不知究竟怎么样。但只要运逢显达时，也以落魄的心境处世；逢到顺利的境遇，也当作处于逆境时一样谨慎；碰到富足的时候，也像贫穷时一样节俭；即便是得到别人的拥护爱戴时，也不可趾高气扬，反而应小心恐惧；如果家道兴旺、声望很高，也不可自鸣得意，反而应作卑下想；学问高深，也应礼贤下士，不耻下问。如此行持，克己复礼，则可以入道，可以进德。

时时维护祖宗之高德重望，日日弥补父母的过失；上思国家社会栽培之恩，下谋家庭子女之福祉；待人常抱救急之心，待己务必严格自律。务必日日反省，时时改过。有一日安于现状，自认自己没有过失缺点，自以为自己是十全十美之人，则一日不会进步。

天下聪明人比比皆是，所以不修道德、不积行累功者，都是因循苟且，贪图安逸，白白耽误了一生的人。云谷禅师所说的立命之论，确实是至理名言，你应该经常诵读，并勉力躬行，才不会枉度一生。

改过之法

一、发心改过

原文：

春秋诸大夫，见人言动，亿①而谈其祸福，靡不验者，《左》《国》诸记可观也。大都吉凶之兆，萌乎心而动乎四体，其过于厚者常获福，过于薄者常近祸，俗眼多翳②，谓有未定而不可测者。至诚合天，福之将至，观其善而必先知之矣；祸之将至，观其不善而必先知之矣。今欲获福而远祸，未论行善，先须改过。

但改过者，第一，要发耻心。思古之圣贤，与我同为丈夫，彼何以百世可师？我何以一身瓦裂③？耽染尘情，私行不义，谓人不知，傲然无愧，将日沦于

改过之法

禽兽而不自知矣；世之可羞可耻者，莫大乎此。孟子曰："耻之于人大矣。"以其得之则圣贤，失之则禽兽耳。此改过之要机也。

第二，要发畏心。天地在上，鬼神难欺，吾虽过在隐微，而天地鬼神，实鉴临之，重则降之百殃，轻则损其现福，吾何可以不惧？不惟是也，闲居之地，指视昭然；吾虽掩之甚密，文之甚巧，而肺肝早露，终难自欺；被人觑破，不值一文矣，乌得不懔懔④？

不惟是也，一息尚存，弥天之恶，犹可悔改；古人有一生作恶，临死悔悟，发一善念，遂得善终者。谓一念猛厉，足以涤百年之恶也。譬如千年幽谷，一灯才照，则千年之暗俱除；故过不论久近，惟以改为贵。但尘世无常，肉身易殒，一息不属⑤，欲改无由矣。明则千百年担负恶名，虽孝子慈孙，不能洗涤；幽则千百劫沉沦狱报，虽圣贤、佛、菩萨，不能援引。乌得不畏？

第三，须发勇心。人不改过，多是因循退缩；吾须奋然振作，不用迟疑，不烦等待。小者如芒刺在肉，

速与抉剔；大者如毒蛇啮⑥指，速与斩除，无丝毫凝滞。此风雷之所以为益也。

具是三心，则有过斯改，如春冰遇日，何患不消乎？

注释：

① 亿：通"臆"，推测。

② 翳：眼球角膜病变后留下的瘢痕，此处指被名利蒙蔽。

③ 瓦裂：破碎的瓦片，指身败名裂。

④ 懔懔（lǐn）：战战兢兢的样子。

⑤ 一息不属（zhǔ）：一口气上不来。属，接续。

⑥ 啮：咬。

蒋维乔译：

春秋时代，有许多大夫，仅凭观察一个人的言行举止，就能推测其人的吉凶祸福，并且非常地准确，这种事在《左传》《国语》诸书里，都有许多记载。

改过之法

一般来说,一个人的吉凶征兆,发源于人的内心,而表现于人之外表。凡是相貌仁慈忠厚、行事稳重之人,大都能获福;面相刻薄、行为轻佻者,大都近祸。绝对没有所谓吉凶未定,渺不可测的道理,只是世俗之人的眼睛被许多事情蒙蔽而看不到罢了。

一个人心性的善恶,必与天心相感应。福之将至,可从其人宁静的心境、安详的态度判断出来;祸之将临,也能从其人乖戾的行为中预料得到。人若想得福而避祸,先不谈如何行善,只要力行改过,自然就能向善。

谈到改过,"羞耻心"是第一要素。试想,古之圣贤跟我们同样是人,何以他们能流芳千古,而我们却默默无闻,甚至身败名裂呢?人若只贪恋声色名利,纵情恣意,背着别人做些见不得人的勾当,自以为他人见不到,而自鸣得意,毫无惭愧,则将渐渐变成衣冠禽兽而不自知!世界上再没有比这种行为更可耻、更令人惭愧的了!孟子也说过,知耻对人的影响太大了。能做到知耻就是圣贤,不知羞耻为何物,必是禽兽无疑。改过的关键就在此一念之间，人所以异于禽兽，也仅在那一念之差而已。

改过的第二要素，是要有"敬畏心"。天地鬼神是欺骗不了的，人就是只犯了一点过失，天地鬼神也知道得很清楚。犯的若是重大的过错，天必降下种种的灾祸；犯的若是小过错，则会损及现世的福报。人不可不怕天地鬼神。一个人就是生活在隐蔽的暗室里，天地鬼神也同样一目了然；就是掩盖得很周密，做得很巧妙，也无法掩饰自己的良心欺骗自己；万一被人看出破绽，那就丢脸得很，所以人必须要有敬畏心。

人只要一息尚存，滔天的大罪大恶，都有悔改的机会。古人有一生作恶，临终前懊悔觉悟，发一善愿而得善终者，正所谓"放下屠刀，立地成佛"。只要悔改与行善的念头强烈，就可以洗百年罪恶也，就像千年幽谷涵洞，一灯来照，则尽去千年黑暗一般。因此，过失不拘大小，以能改为贵。但人生无常，肉体易坏，若等到呼吸停止了，想改过也已来不及。明的报应：在人世间遗臭万年，即使孝子贤孙也无法洗刷

改过之法

干净。暗的报应：在阴间沉沦地狱永受折磨，就是圣贤、佛、菩萨也救不了。怎可不畏？

改过的第三要素，是要有"勇气与决心"。人所以不能改过，只因为因循苟且误了大事。若能发愤图强，当机立断——碰到小过像芒刺伤肉一般，赶快拔除；犯了大过如毒蛇咬指一般，赶快断指——不犹豫不等待，就如《易经》所言"风雷益"，风起雷动干脆利落，则改过迁善必可成功。

人若能具备上述"三种心"，知过能改，过错就会像春冰遇日，必能消失了！

二、改过方法

原文：

然人之过，有从事上改者，有从理上改者，有从心上改者；工夫不同，效验亦异。

如前日杀生，今戒不杀；前日怒詈①，今戒不怒：此就其事而改之者也。强制于外，其难百倍，且病根终在，东灭西生，非究竟廓然之道也。

善改过者，未禁其事，先明其理。如过在杀生，即思曰：上帝好生，物皆恋命，杀彼养己，岂能自安？且彼之杀也，既受屠割，复入鼎镬②，种种痛苦，彻入骨髓；己之养也，珍膏③罗列，食过即空，疏食菜羹，尽可充腹，何必戕④彼之生，损己之福

改过之法

哉？又思血气之属，皆含灵知，既有灵知，皆我一体；纵不能躬修至德，使之尊我亲我，岂可日戕物命，使之仇我憾我于无穷也？一思及此，将有对食伤心，不能下咽者矣。

如前日好怒，必思曰：人有不及，情所宜矜；悖理相干，于我何与？本无可怒者。又思天下无自是之豪杰，亦无尤人之学问；行有不得，皆己之德未修，感未至也。吾悉以自反，则谤毁之来，皆磨炼玉成⑤之地；我将欢然受赐，何怒之有？又闻谤而不怒，虽谗焰熏天，如举火焚空，终将自息；闻谤而怒，虽巧心力辩，如春蚕作茧，自取缠绵。怒不惟无益，且有害也。其余种种过恶，皆当据理思之。此理既明，过将自止。

注释：

① 詈（lì）：骂。

② 鼎镬（huò）：古代用来煮食的两种青铜器。

③ 珍膏：珍贵的美食。膏，美味的食物。

④ 戕（qiāng）：残害。

⑤ 玉成：成全，促成。

蒋维乔译：

一般人改过，有从事上改、从理上改、从心上改三种方法，工夫不同，所得功效也不同。譬如前日杀生，今日戒杀；前日暴怒，今日静心反省：这都是从事上改的方法。只在行动上勉强压制，但不除病根，今天改正这个错误，明天又有那个错误，终究不是办法。

比较理想的改过方法，应该从理上改，即在约束自己不做某一件错事之前，先明白其中的道理。譬如想改杀生之过，就想：上天有好生之德，物物都珍惜生命，杀它养己怎能心安？而且杀它的过程中，不但要宰割，还要放进锅里烹煮，它所受种种痛苦必痛彻骨髓。健康之道，首在本身元气之运化，而不在物品之稀罕珍贵，就算山珍海味，吃过了也不一定能供养身体，蔬菜素品尽可充饥果腹，何必伤害生灵而折损自己的福分？再想：血肉之类必有灵性，与人同类，

改过之法

我纵然不能修养品德，使他亲我近我，又怎可再残害生灵，使之仇我恨我呢？若能想到此理，那就对吃肉感到伤心，下不了口，而不敢杀生了。

想改掉暴躁的坏脾气也一样，就想：人不可能一模一样，各有所长也各有所短，没有十全十美的，因此应该互相体谅迁就，就算不合我意而互相干扰，对我也没有什么损伤，又有何可怒可气的呢？再说天下也没有自以为是的豪杰，也没有怨天尤人的修养法，怎么可以只要求别人，而不要求自己呢？日常生活中如有不能称心如意之事，那是自己德行未修，涵养不够，必须再求反省；如再有人毁谤，那是要磨炼我、成全我的，我欢迎都来不及，为何会发怒呢？如闻谤不怒，毁谤也会如举火燃烧天空，必将自消自灭；若听到毁谤就动怒，想尽办法加以辩论维护，正是作茧自缚、自取其辱的做法。发怒不但无益，反而有害。其他尚有种种过失，都可依此类推，细细思考。道理若能明白，过错就不会发生了。

了凡四训

原文：

何谓从心而改？过有千端，惟心所造；吾心不动，过安从生？学者于好色、好名、好货、好怒种种诸过，不必逐类寻求，但当一心为善，正念现前，邪念自然污染不上。如太阳当空，魍魉①潜消，此"精一"②之真传也。过由心造，亦由心改，如斩毒树，直断其根，奚必枝枝而伐、叶叶而摘哉？

大抵最上者治心，当下清净；才动即觉，觉之即无。苟未能然，须明理以遣之；又未能然，须随事以禁之。以上事而兼行下功，未为失策；执下而昧上，则拙矣。

顾发愿改过，明须良朋提醒，幽须鬼神证明。一心忏悔，昼夜不懈，经一七、二七，以至一月、二月、三月，必有效验。或觉心神恬旷；或觉智慧顿开；或处冗沓而触念皆通；或遇怨仇而回嗔作喜；或梦吐黑物；或梦往圣先贤，提携接引；或梦飞步太虚；或梦幢幡③宝盖。种种胜事，皆过消罪灭之象也。然不得执此自高，画而不进。

改过之法

昔蘧伯玉④当二十岁时,已觉前日之非而尽改之矣。至二十一岁,乃知前之所改,未尽也;及二十二岁,回视二十一岁,犹在梦中。岁复一岁,递递改之。行年五十,而犹知四十九年之非。古人改过之学如此。吾辈身为凡流,过恶猬集,而回思往事,常若不见其有过者,心粗而眼翳也。然人之过恶深重者,亦有效验:或心神昏塞,转头即忘;或无事而常烦恼;或见君子而赧然⑤消沮;或闻正论而不乐;或施惠而人反怨;或夜梦颠倒,甚则妄言失志。皆作孽之相也。苟一类此,即须奋发,舍旧图新,幸勿自误。

注释:

① 魍魉(wǎng liǎng):原指传说中的山川精怪,这里泛指鬼怪。

② 精一:精诚专一。

③ 幢幡(chuáng fān):旌旗之类。

④ 蘧(qú)伯玉:春秋时期卫国的贤人,其"年五十而知四十九年非"的事迹广为流传。

⑤ 赧（nǎn）然：难为情的样子。

蒋维乔译：

什么叫作从心上改？一般说来，人的过失虽然有千百种，但归根到底，都是从心而起，若能心不动念，无私无欲，就不会有过失了。也不必逐样检讨好名、好色、好货、好怒诸过失，只要一心向善，正气汇聚，邪念自然一尘不染。就像太阳当空，鬼魅尽消一般，这就是"精一"的真传。因为过从心生，所以也当从心上修改，如斩毒树先断其根，则必枝叶尽落，而不必枝枝去剪、叶叶来摘了。

最好的改过方法是修心，使心境清净，妄念一动即察觉，并加以克制，则过不生；若达不到这种高深的境界，则只好明理以改过；再办不到，就只好随事而禁了。

能修心并明理兼禁过，是再好不过的事；若只懂禁过而不明道理、不知修心，这是笨拙的改过方法。

不过要想立志改过行善，在明处还需亲朋提醒督

改过之法

促,在暗处还需神鬼监督证明。一心忏悔,昼夜不得松弛,经过一段时日,必有效验。到此境界,或自然感到心旷神怡,智慧顿开;或处杂乱环境而不动心乱性;或见仇人而不怒反喜;或梦见吐出黑色的东西,身心舒畅;或梦见圣贤提拔引接;或梦见飞上天空;或梦见各种佛旗宝伞。种种罕见之胜迹妙景,都是过消罪减之象。但不可就此心满意足,自鸣得意,不再求进步。

像古代贤人蘧伯玉在二十岁时,就已经觉察以前的不是,而马上全部改正。到了二十一岁,又觉得以前所想改的过失,还没完全改掉。到了二十二岁,又回头看看二十一岁的时候,就觉得那时的生活像在梦中一样糊里糊涂。这样一年又一年地逐渐改去过失,直到五十岁那年,他还在反省从前四十九年的不是。古人改过的学问就是这样。我辈凡夫俗子,过失像刺猬身上的刺一般多,若冷静思考还看不到自己的过失,必是粗心大意、迷糊之人。

然而那些过恶深重的人,也有这样一些表现:或

心神昏庸，失神健忘；或无事而生烦恼；或见到正人君子，则显出惭愧沮丧之状；或听到了至理名言而不高兴；或施恩反招憎怨；或做一些错乱颠倒的噩梦，甚至神经兮兮地自言自语。上列种种都是自作孽的表现。若有了上述情况，应该即刻发愤图强，以免自误。

积善之方

一、积善之家，必有余庆

原文：

《易》曰："积善之家，必有余庆。"昔颜氏将以女妻叔梁纥①，而历叙其祖宗积德之长，逆知其子孙必有兴者。孔子称舜之大孝，曰："宗庙飨之，子孙保之。"皆至论也。试以往事征之。

杨少师荣，建宁人，世以济渡为生。久雨溪涨，横流冲毁民居，溺死者顺流而下，他舟皆捞取货物，独少师曾祖及祖，惟救人，而货物一无所取，乡人嗤其愚。逮少师父生，家渐裕。有神人化为道者，语之曰："汝祖、父有阴功，子孙当贵显，宜葬某地。"遂依其所指而窆②之，即今白兔坟也。后生少师，弱

积善之方

冠登第，位至三公，加曾祖、祖、父如其官。子孙贵盛，至今尚多贤者。

鄞人杨自惩，初为县吏，存心仁厚，守法公平。时县宰严肃，偶挞一囚，血流满前，而怒犹未息，杨跪而宽解之。宰曰："怎奈此人越法悖理，不由人不怒。"自惩叩首曰："上失其道，民散久矣。如得其情，哀矜勿喜。喜且不可，而况怒乎？"宰为之霁颜[3]。

家甚贫，馈遗一无所取。遇囚人乏粮，常多方以济之。一日，有新囚数人待哺，家又缺米，给囚则家人无食，自顾则囚人堪悯。与其妇商之。妇曰："囚从何来？"曰："自杭而来。沿路忍饥，菜色可掬。"因撤己之米，煮粥以食囚。后生二子，长曰守陈，次曰守阯，为南北吏部侍郎。长孙为刑部侍郎；次孙为四川廉宪[4]，又俱为名臣。今楚亭德政，亦其裔也。

注释：

① 叔梁纥：春秋时期鲁国的大夫，孔子的父亲。

② 窆（biǎn）：埋葬。

③ 霁颜：形容怒气消散。霁，本意为雨过天晴。

④ 廉宪：提刑按察使，负责一省的刑名弹劾之事。

蒋维乔译：

《易经》上说："积善之家，必有余庆。"古代有一姓颜的人家，把女儿许配给孔子的父亲（叔梁纥），只打听其祖先是否积有大德，而不管孔家是否富有，他们认为只要祖上积有大德，其子孙必然会出人头地。孔子也称赞舜之大孝说："宗庙飨之，子孙保之。"上述之论，确是至理名言。再证之以往事：

福建公卿杨荣，其祖先世代以摆渡为生。每当暴雨成灾，冲毁民居时，总有人畜货物顺流而下，别的船只总是争相捞取货物，只有杨荣的曾祖和祖父以救人为要，货物一概不取，乡里的人都嘲笑他们愚笨。到了杨荣父亲出生时，杨家便渐渐富裕。有一天，一位神人化身的道人对杨荣父亲说："你的祖父和父亲积有阴德，子孙必当享受荣华富贵，某地龙穴可筑祖

积善之方

坟。"于是杨家就依指示将祖先重新安葬在那里,也就是现在的"白兔坟"。后来生的杨荣,年幼就登科,位至三公,并得皇上加封曾祖父、祖父和父亲官号。至今子孙还是荣华不衰,多出贤达之士。

鄞县人杨自惩,起初当县吏,心地忠厚,为人公正。有一次县长处罚一个犯人,将其打得血流满面,还不息怒。他就跪地为犯人求情,请县长息怒宽恕。县长说:"此人越法悖理,怎能叫人不怒。"他叩头说:"为政者失道,百姓涣散已久,他们不懂得法律常情,所以才会犯错,只要能问出案情就好了。这种事破了案都不值得高兴,怎么可以发怒呢?"县长因此才息怒。

自惩家境贫弱,又廉洁自持,从不收受别人财物。碰到了犯人缺粮时,也都尽力救济,即使自己挨饿也在所不惜。一天,几名新来的囚犯无饭可吃,自惩家里亦缺粮,把粮给了囚犯则家人要挨饿,不给则眼见囚犯确实可怜,于是他便与妻子商议此事。妻子问:"囚犯从哪里来?"自惩答道:"从杭州而来,一路上忍饥挨饿,现在已经面有菜色了。"于是二人拿出自

家的米煮了粥送给囚犯。后来杨氏夫妇生有二子,长子名守陈,次子名守阯,官至南京吏部和北京吏部侍郎。长孙也官至刑部侍郎,次孙官至四川廉宪,都是名臣。现今自号楚亭的杨德政,也是他的后代。

积善之方

二、善念至诚，可以动天

昔正统间，邓茂七倡乱于福建，士民从贼者甚众。朝廷起鄞县张都宪楷①南征，以计擒贼。后委布政司②谢都事③搜杀东路贼党。谢求贼中党附册籍，凡不附贼者，密授以白布小旗，约兵至日，插旗门首，戒军兵无妄杀，全活万人。后谢之子迁，中状元，为宰辅；孙丕，复中探花。

莆田林氏，先世有老母好善，常作粉团④施人，求取即与之，无倦色。一仙化为道人，每旦索食六七团。母日日与之，终三年如一日，乃知其诚也。因谓之曰："吾食汝三年粉团，何以报汝？府后有一地，葬之，子孙官爵，有一升麻子之数。"其子依所点葬之，初世即有九人登

第，累代簪缨甚盛，福建有"无林不开榜"之谣。

冯琢庵太史之父，为邑庠生，隆冬早起赴学，路遇一人，倒卧雪中，扪之，半僵矣，遂解己绵裘衣之，且扶归救苏。梦神告之曰："汝救人一命，出至诚心，吾遣韩琦⑤为汝子。"及生琢庵，遂名琦。

注释：

① 张都宪楷：张楷，官居都宪（又称都御史，负责监察百官）。

② 布政司：负责一省的政事。

③ 都事：布政司的属官。

④ 粉团：一种熟食。用米粉做成，外粘芝麻，然后放在油中炸熟。

⑤ 韩琦：北宋著名政治家，为相十载，辅佐三朝，为北宋的繁荣发展作出了非常大的贡献。

蒋维乔译：

明英宗时，福建盗贼作乱，百姓从贼者很多，朝

积善之方

廷派布政司谢都事搜杀东路贼党。谢恐滥杀无辜，因此先设法取得贼党名册，凡没有参加匪党组织的人，即暗中给予白布及小旗，教他们在官兵进城时，插旗于门首，并警戒士兵不得滥杀无辜，因此救了万人的性命。后来谢的儿子考中状元，当了宰相，孙子也中探花，满门得享富贵。

蒲田有林姓人家，母亲乐善好施，常做粉团布施穷人，凡索取者都照数施舍从不厌倦。有一位神仙化身的道人，每次索取六七个，三年如一日从未间断，他母亲也照给无误。这道人知其诚心救人，就对她说："我吃你的粉团三年，无以为报，特地前来告诉你，你家屋后有一块好地可建造祖坟，将来你过世之后葬在那里，你的子孙封官赐爵的人，有一升芝麻子那么多。"她儿子依道人言将她埋葬，初代即有九人登科，世代从此不断出达官贵人。福建至今还有"无林不开榜"的民谣。

冯琢庵太史之父，是本县的一名秀才，有一个冬天的清晨他去上学，在路上遇到了一个倒在雪地中已快冻僵的人。他即刻脱下自己的皮袍给那个人穿上，并扶其回家救治。当晚就在梦中得到神灵的指点："你救人一命，出于至诚之心，吾派宋朝名将韩琦作你的儿子。"而后他夫人生下了琢庵，他就将其取名为琦，以作纪念。

积善之方

三、以其无私，故成其私

原文：

台州应尚书，壮年习业于山中。夜鬼啸集，往往惊人，公不惧也。一夕闻鬼云："某妇以夫久客不归，翁姑①逼其嫁人。明夜当缢死于此，吾得代矣。"公潜卖田，得银四两。即伪作其夫之书，寄银还家。其父母见书，以手迹不类，疑之。既而曰："书可假，银不可假，想儿无恙。"妇遂不嫁。其子后归，夫妇相保如初。

公又闻鬼语曰："我当得代，奈此秀才坏吾事。"傍一鬼曰："尔何不祸之？"曰："上帝以此人心好，命作阴德尚书矣，吾何得而祸之？"应公因此益自努励，善日加修，德日加厚。遇岁饥，辄捐谷以赈之；遇亲戚有急，辄委曲维持；遇有横逆，辄反躬自责，怡然顺受。子孙登科第者，今累累也。

常熟徐凤竹栻，其父素富。偶遇年荒，先捐租以为同邑之倡，又分谷以赈贫乏。夜闻鬼唱于门曰："千不诳，万不诳，徐家秀才做到了举人郎。"相续而呼，连夜不断。是岁，凤竹果举于乡，其父因而益积德，孳孳不怠[2]，修桥修路，斋僧接众，凡有利益，无不尽心。后又闻鬼唱于门曰："千不诳，万不诳，徐家举人直做到都堂[3]。"凤竹官终两浙巡抚。

注释：

① 翁姑：公公与婆婆。
② 孳孳不怠：孜孜不倦。孳孳，通"孜孜"。
③ 都堂：都察院所在之地，也是官名。

蒋维乔译：

台州应尚书，壮年时往山中读书，夜间常听到有

积善之方

鬼怪作祟叫闹，但他不曾害怕。有一天，他听到了鬼在谈话说："某妇人的丈夫外出，很久未见归来，她的公婆以为儿子已死，逼她改嫁。明天晚上妇人会来此上吊自杀，我从此有人代替，可以转世投生了。"应尚书听到了此语，即刻卖掉了田地，得银四两，并假造了一张其夫的书信，一并寄到了妇人家。她公婆发现来信笔迹不像儿子所书，有点怀疑，但继之又说："书信就算是假的，银子总没有平白送人的道理，想来孩子一定平安无事。"因此也就不再逼妇人改嫁。后来妇人的夫婿总算回来团圆，二人相爱如初。

后来应尚书又听到鬼说："本来有人来代替，却被那个秀才破坏了此事。"旁边一个鬼说："那你就找他算账啊！"鬼说："不行，上帝以此人心地善良，早已命他当将来的阴间尚书，我怎么能害得了他。"应公从此更加努力，日日行善，积德甚多。碰到了饥荒时，必捐献粮食救灾；遇到了亲戚有急难处，都尽力协助扶持；碰到了不如意之事，也只逆来顺受、反躬自省而不怨天尤人。至今其子孙为官享福者，

比比皆是。

　　常熟县人徐栻，号凤竹，他的父亲一直颇为富有。偶然碰到荒年，徐父就先免收田租以救灾，在同乡中作出表率，又拿粮食去赈灾救贫。有一天夜里他父亲听到鬼在门口唱道："千不诓，万不诓，徐家秀才做到了举人郎！"连续几天晚上唱个不停。此年徐凤竹果然中了举人。他父亲因此也就更加努力地积德行善，从不懈怠，比如修桥铺路、斋僧济众等有益大众之事，无不尽心尽力。后来他父亲又听鬼唱道："千不诓，万不诓，徐家举人直做到都堂。"后来凤竹果然官至两浙巡抚。

积善之方

四、平冤减刑，深合天心

原文：

嘉兴屠康僖公①，初为刑部主事，宿狱中，细询诸囚情状，得无辜者若干人。公不自以为功，密疏其事，以白堂官②。后朝审，堂官摘③其语，以讯诸囚，无不服者，释冤抑十余人，一时辇下④咸颂尚书之明。

公复禀曰："辇毂之下，尚多冤民；四海之广，兆民之众，岂无枉者？宜五年差一减刑官，核实而平反之。"尚书为奏，允其议。时公亦差减刑之列。梦一神告之曰："汝命无子，今减刑之议，深合天心，上帝赐汝三子，皆衣紫腰金⑤。"是夕夫人有娠，后生应埙、应坤、应埈，皆显官。

注释：

①屠康僖公：屠勋，谥号为康僖。

②堂官：明清时期尚书、侍郎等中央各部长官的通称。尚书、侍郎在各衙署大堂上办公，因此称之为"堂官"。

③摘：采用。

④辇下：代指京城。汉代以后只有皇帝所乘的车子称辇。

⑤衣紫腰金：身穿紫衣，腰间佩戴金符。紫衣、金符大多为显贵官员的装束。

蒋维乔译：

嘉兴的屠勋先生，谥号为康僖公，最初做刑部主事，常往狱中探查案情，遇有无辜入狱之人，即呈报案情给主审官。待开庭时，主审官依此案情审问，蒙冤的犯人都表心服，因而无罪释放者有十几人。一时京都百姓都说尚书廉明公正，而屠公却从不居功。

屠公又再上书向刑部尚书陈情曰："京都尚且有

积善之方

冤狱,那四海之广,百姓众多,必然还有许多冤狱。应该每五年派一批减刑官,去各地详加调查以平冤狱。"刑部尚书将这一建议上奏,皇上准其所奏,屠公也被派为减刑官。有一天晚上,屠公梦见一位神灵指点说:"你命中本应无子,今减刑之事,正合天心,上帝赐你三子,并都享高官厚禄。"当晚屠公夫人就怀孕,后来接续生了三个儿子,名叫应埙、应坤、应埈,且都当了大官。

五、一点善心，万般勋德

原文：

嘉兴包凭，字信之，其父为池阳太守，生七子，凭最少，赘平湖袁氏，与吾父往来甚厚。博学高才，累举不第，留心二氏之学。一日东游泖湖，偶至一村寺中，见观音像，淋漓露立，即解橐中得十金，授主僧，令修屋宇。僧告以功大银少，不能竣事。复取松布四匹，检箧①中衣七件与之，内纻褶②，系新置，其仆请已之，凭曰："但得圣像无恙，吾虽裸裎③何伤？"

僧垂泪曰："舍银及衣布，犹非难事；只此一点心，如何易得！"后功完，拉老父同游，宿寺中。公梦伽蓝④来谢曰："汝孙当享世禄矣。"后子汴、孙

积善之方

柽芳，皆登第，作显官。

嘉善支立之父，为刑房吏。有囚无辜陷重辟[5]，意哀之，欲求其生。囚语其妻曰："支公嘉意，愧无以报。明日延之下乡，汝以身事之，彼或肯用意，则我可生也。"其妻泣而听命。

及至，妻自出劝酒，具告以夫意，支不听。卒为尽力平反之。囚出狱，夫妻登门叩谢曰："公如此厚德，晚世所稀，今无子，吾有弱女，送为箕帚妾[6]，此则礼之可通者。"支为备礼而纳之，生立，弱冠中魁，官至翰林孔目。立生高，高生禄，皆贡为学博。禄生大纶，登第。

注释：

① 箧（qiè）：竹箱子。

② 纻褶（zhù dié）：用苎麻纤维做成的夹衣。

③ 裎（chéng）：裸体。

④ 伽（qié）蓝：佛教护法神。

⑤ 重辟（bì）：重罪。

⑥箕帚(jī zhǒu)妾：拿着箕帚打扫卫生的奴婢，借以谦称妻妾。箕，簸箕；帚，扫帚。

蒋维乔译：

嘉兴人包凭，他的父亲是池阳太守，生有七个儿子，包凭是最小的一个，后入赘平湖袁氏为婿，他跟我父亲有很深的交情。包凭虽然博学多才，却屡次考试都不上榜，于是开始留心佛道思想。有一天他到太湖附近游览，偶然行至一村，见一寺院破漏，观音佛像被雨水淋湿，即取出身上所有的十两银子，给住持作为修筑庙宇之用。僧人说："工事太大，所费必巨，恐怕难以完成你交代的心愿。"于是他又取出四匹松布，从箱子里翻出七件衣服，交予僧人。其中有一件用苎麻新做的夹衣，虽经随行仆人再三劝阻，他还是诚心诚意地将夹衣捐出，并说："只要佛像不破损，我没有衣物可穿又有什么关系？"

僧人感动落泪，说："施舍钱财衣物并非难事，但你的虔诚心，确实难得。"寺院修好之后，有一天

积善之方

他同父亲来游此寺，夜宿此寺中，即梦见护法神伽蓝前来道谢说："你子孙世代得享俸禄。"后来，他的儿子汴与孙子柽芳，都果真做了大官。

嘉善人支立的父亲在当刑房吏的时候，对一个被人陷害而判死罪的囚犯很是同情，想替他洗冤。这个囚犯跟他的妻子说："支先生待人很好，也很同情我的遭遇，愿意代为洗雪冤情，我们无以为报。明天你请他到乡下，详述案情过节，并许身给他，他若肯想想办法，那么我就能活命了。"他的妻子流着泪答应了。

隔天，支先生到她家里，她即亲切招待，出面劝酒，并告诉支先生她丈夫的意思，支先生断然拒绝。后支先生亦尽力为其平反冤情，结果犯者无罪获释。他们夫妻登门道谢说："先生大德，世所罕见，我有小女，就送给你当扫地的小妾，这也合于礼法。"支先生只好以完备的礼仪迎娶了他们的女儿。后来这个妾为支先生生下一个儿子名叫支立，二十岁就登科，官至翰林。支立的儿子支高、孙子支禄、曾孙大纶，也都官运亨通。

六、真善与假善

原文：

凡此十条，所行不同，同归于善而已。若复精而言之，则善有真，有假；有端，有曲；有阴，有阳；有是，有非；有偏，有正；有半，有满；有大，有小；有难，有易：皆当深辨。为善而不穷理，则自谓行持，岂知造孽，枉费苦心，无益也。

何谓真、假？昔有儒生数辈，谒中峰和尚，问曰："佛氏论善恶报应，如影随形。今某人善，而子孙不兴；某人恶，而家门隆盛。佛说无稽①矣。"

中峰云："凡情未涤，正眼未开，认善为恶，指恶为善，往往有之。不憾己之是非颠倒，而反怨天之

积善之方

报应有差乎？"

众曰："善恶何致相反？"

中峰令试言其状。

一人谓"詈人殴人是恶，敬人礼人是善。"

中峰云："未必然也。"

一人谓"贪财妄取是恶，廉洁有守是善。"

中峰云："未必然也。"

众人历言其状，中峰皆谓不然。因请问。

中峰告之曰："有益于人，是善；有益于己，是恶。有益于人，则殴人、詈人皆善也；有益于己，则敬人、礼人皆恶也。是故人之行善，利人者公，公则为真；利己者私，私则为假。又根心②者真，袭迹者假；又无为而为者真，有为而为者假。皆当自考。"

注释：

① 无稽：没有根据。

② 根心：发自内心。

蒋维乔译：

以上各段所述，虽然情节、做法不同，但都是一心为善的实例。若就积善之事详细来说，有真善、假善，有端善、曲善，有阴善、阳善，有是善、非善，有偏善、正善，有半善、满善，有大善、小善，有难善、易善等分别，必须作进一步的了解。不然，若为善而不明理，往往就会产生自认为是在行善，而事实上是在造孽的行为，枉费苦心，一点好处也没有。

什么是真善、假善？以前有几个儒生，去请教中峰和尚说："佛家认为善恶皆有报应，就如同影子紧随实体一样。现在某人行善而子孙不发达，某人为恶而家门隆盛，那么佛家所说的报应是没有凭据的了。"

中峰说："一般人世俗之情尚未清洗干净，智慧没开，往往认善为恶，认恶为善。不去说自己颠倒是非，反而要怨恨天地报应有差错吗？"

大家说："善就是善，恶就是恶，哪里会认善为恶呢？"

中峰就叫他们说什么是善，什么是恶。

积善之方

有一个人说:"打人骂人是恶,敬人礼人是善。"

中峰说:"这也不一定。"

另一个人说:"贪财妄取是恶,廉洁有守是善。"

中峰又说:"那也不一定。"

大家都把平时看到的善恶说出来,但中峰都不以为然。

中峰说:"凡是对人有益的是善,只对自己有利的就是恶。假如对人有益,即使打人骂人也算是善;假如只是为了自己的利益,即使你恭敬别人、礼让别人,也算是恶。"所以为人处世,利人之善才是真善,利己之善则是假善。发于内心的善行是真善,装给别人看、有所求而为之的是假善。这些道理都要考察。

七、端善与曲善

原文：

何谓端、曲？今人见谨愿之士，类称为善而取之；圣人则宁取狂狷①。至于谨愿之士，虽一乡皆好，而必以为德之贼②。是世人之善恶，分明与圣人相反。推此一端，种种取舍，无有不谬。天地鬼神之福善祸淫，皆与圣人同是非，而不与世俗同取舍。凡欲积善，决不可徇耳目，惟从心源隐微处，默默洗涤。纯是济世之心，则为端；苟有一毫媚世之心，即为曲。纯是爱人之心，则为端；有一毫愤世之心，即为曲；纯是敬人之心，则为端；有一毫玩世之心，即为曲。皆当细辨。

积善之方

注释：

① 狂狷：《论语·子路》云"狂者进取，狷者有所不为"。

② 德之贼：伤害美德之人。

蒋维乔译：

什么是端善与曲善？一般人都认为谨慎、随和之好好先生是善人，但圣人却认为敢作敢当、洁身自好的狂狷之士才是善人。因为谨慎软弱没有个性之人，虽然全乡人都说他好，而成好好先生，但本质上却是随波逐流、没有志气、没有道德精神、没有勇气之人。所以一般人所说的善恶，就跟圣人所想的不一样。总之，天地鬼神对于善恶之观念，都与圣人的观念相同，而与世俗的眼光相反。因此，若想积德行善，决不可只为了顺乎世俗人情、讨好世人去做事，而必须从内心深处着手洗涤，一心只为济世，纯为爱人敬人，这才是端正之善。若有一丝媚世之心，一点愤世、玩世之心，则是虚伪歪曲之善。

八、阴善与阳善

原文：

何谓阴、阳？凡为善而人知之，则为阳善；为善而人不知，则为阴德。阴德，天报之；阳善，享世名。名，亦福也。名者，造物所忌。世之享盛名而实不副者，多有奇祸；人之无过咎而横被恶名者，子孙往往骤发①。阴阳之际微矣哉。

注释：

① 骤发：突然飞黄腾达。

积善之方

蒋维乔译：

善又有阴善与阳善之分。为善而为人所知，是阳善；行善而不为人所知，就是阴德。有阳善的人能享受美好的名声，有阴德的人则天必赐以厚福。一个人名誉太大以至超过了事实，必有奇祸。因为盛名是造物者所讨厌的，而有名望之人，大都只是博得盛名，缺少实际功德，因此名望之家遭受横逆之事也特别多。因此古人劝人："无使名过实，守愚圣所臧。"人若毫无过失，而被横加恶名，却能逆来顺受，必是大有道德修养之人，子孙往往能突然飞黄腾达。因此，阳善与阴德之间的关系是非常微妙的。

九、是善与非善

原文:

何谓是、非?鲁国之法,鲁人有赎人臣妾①于诸侯,皆受金于府。子贡赎人而不受金。孔子闻而恶之曰:"赐②失之矣。夫圣人举事,可以移风易俗,而教道可施于百姓,非独适己之行也。今鲁国富者寡而贫者众,受金则为不廉,何以相赎乎?自今以后,不复赎人于诸侯矣。"

子路拯人于溺,其人谢之以牛,子路受之。孔子喜曰:"自今鲁国多拯人于溺矣。"自俗眼观之,子贡不受金为优,子路之受牛为劣,孔子则取由③而黜赐焉。乃知人之为善,不论现行而论流弊,不论一时而

积善之方

论久远,不论一身而论天下。现行虽善,而其流足以害人,则似善而实非也;现行虽不善,而其流足以济人,则非善而实是也。然此就一节论之耳,他如非义之义,非礼之礼,非信之信,非慈之慈,皆当抉择。

注释:

①臣妾:奴隶。男性为臣,女性为妾。

②赐:孔子弟子子贡,姓端木,名赐。

③由:孔子弟子子路,姓仲,名由。

蒋维乔译:

既然行善,何以又有是善、非善之说呢?下面试举一些例子来说明这一点。鲁国法律规定,若有人肯出钱去赎回被邻国捉去做奴隶的百姓,政府依例会付给这个人一笔赏金作为奖励。孔子的学生子贡,赎人却不愿接受奖金,孔子知道了就指责他说:"你错了。君子做事可以移风易俗,行为将成为大众行事的标准,怎么可以只为了自己高兴,为了博得虚荣,就随

意去做呢？现在鲁国富人太少，大都是穷人，你这样创下了先例，大家会认为赎人后接受赏金是丢脸的事，那以后还有谁赎得起人？从此以后，赎人回国的风气将慢慢消失了！"

子路救起溺水之人，主人送了一头牛道谢，子路接受了。孔子听到了说："从此鲁人必乐于拯救溺水之人了。"因为一个肯救，一个肯谢，则会成为风气。以上二例，以一般人的观念来看，子贡不领赏金是做了廉洁的好事，子路接受赠牛是一大败笔。但孔子的看法与众不同，孔子反倒称赞子路而责备子贡。因此，人之行善，不可只看当下的行为，还必须看长远的影响；不可只看现在，还必须看事情的结果；不可只论个人的得失，还必须看对大众的影响。若现行似善，而其结果足以害人，则似善而非善；若现行虽然不善，而其结果有益于大众，则虽非善而实是善。这里是用孔子师生这一件事举例罢了。其他如不应该的宽恕、过分地称赞别人、为小信而误大事、宠爱小孩而养大患等都亟待我们冷静检讨并改善。

积善之方

十、偏善与正善

原文：

何谓偏、正？昔吕文懿公①初辞相位，归故里，海内仰之，如泰山北斗。有一乡人醉而詈之，吕公不动，谓其仆曰："醉者勿与较也。"闭门谢②之。逾年，其人犯死刑入狱。吕公始悔之曰："使当时稍与计较，送公家责治，可以小惩而大戒。吾当时只欲存心于厚，不谓养成其恶，以至于此。"此以善心而行恶事者也。

又有以恶心而行善事者。如某家大富，值岁荒，穷民白昼抢粟于市。告之县，县不理，穷民愈肆，遂私执而困辱之，众始定。不然，几乱矣。故善者为正，恶者为偏，人皆知之。其以善心行恶事者，正中偏也；以恶心而行善事者，偏中正也。不可不知。

注释：

① 吕文懿公：吕原，谥号文懿。明朝时朱元璋废除宰相制度，之后朱棣设置内阁。吕原曾入内阁，职位类似于宰相。

② 谢：避开。

蒋维乔译：

至于善有偏正，又当何讲？从前吕文懿宰相辞职归乡，乡民依然尊敬他如北斗星、看他如泰山。有一天，一个乡民醉后前去大骂他一顿，吕公不为所动，认为对方是醉人而不去计较。一年后，此人愈变愈坏，终于犯了死罪而入狱，吕公这才后悔说："当初若稍微跟他计较，送官惩罚，小惩足以为戒，也许他今日就不会作下此种大恶。都是吾当初存心过于忠厚，怕被人误为仗势欺人，以致害了他！"这是一个存善心

积善之方

而做了恶事的例子。

再举一存恶心而行善事的例子。某地有次发生饥荒，暴民白天公然到处抢粮，有某富家告之于官府，官府却一概不理，于是暴民愈为放肆，变本加厉。逼不得已，该富家只好私自惩治暴徒，乡里这才平静下来，而免于大乱。人人皆知善是正，恶是偏。但若行善心而使事成恶，则是正中偏；若行恶心而使事成善，则是偏中正。这是为人处世应有的认识。

十一、半善与满善

原文：

何谓半、满？《易》曰："善不积，不足以成名；恶不积，不足以灭身。"《书》曰："商罪贯盈。"如贮物于器，勤而积之，则满；懈而不积，则不满。此一说也。

昔有某氏女入寺，欲施而无财，止有钱二文，捐而与之，主席者①亲为忏悔。及后入宫富贵，携数千金入寺舍之，主僧惟令其徒回向而已。因问曰："吾前施钱二文，师亲为忏悔；今施数千金，而师不回向，何也？"曰："前者物虽薄，而施心甚真，非老僧亲忏，不足报德；今物虽厚，而施心不若前日之

积善之方

切,令人代忏足矣。"此千金为半,而二文为满也。

钟离②授丹于吕祖③,点铁为金,可以济世。

吕问曰:"终变否?"

曰:"五百年后,当复本质。"

吕曰:"如此则害五百年后人矣,吾不愿为也。"

曰:"修仙要积三千功行,汝此一言,三千功行已满矣。"此又一说也。

又为善而心不着善,则随所成就,皆得圆满。心着于善,虽终身勤励,止于半善而已。譬如以财济人,内不见己,外不见人,中不见所施之物,是谓"三轮体空"④,是谓"一心清净",则斗粟可以种无涯之福,一文可以消千劫之罪。倘此心未忘,虽黄金万镒⑤,福不满也。此又一说也。

注释:

① 主席者:寺庙住持。

② 钟离:钟离权,传说中的八仙之一。据说原为汉代人,故又称汉钟离。

③ 吕祖：吕洞宾，传说中的八仙之一。据说原为唐代京兆人。

④ 三轮体空：三轮指的是施惠者、受惠者、所布施之物。

⑤ 镒（yì）：古代重量单位，二十两为一镒。

蒋维乔译：

还有半善与满善，又作何解？《易经》曰："善不积，不足以成名；恶不积，不足以灭身。"《尚书》曰："商罪贯盈。"就像把东西存进容器一样，勤而积之则满，懈怠不积则不满。

譬如以前有一位女士，到庙里烧香，想布施却又经济困难，找遍身上只得二文钱捐献，但庙里住持高僧还是亲自替她诵经忏悔祈福。后来此女贵为宫女，携带了数千金来庙布施，住持高僧却只派了徒弟替她回向。因此，她开口问道："我以前只捐二文，你就亲自替我祈福；今天捐数千金，你为何不替我回向？"高僧说："以前你布施虽小，心意却真切，非老僧亲

积善之方

劳,不足以报答;今日布施虽多,心意却不如以前真诚,因此有人代劳就足够了。"这个例子就说明了"千金是半善,二文是满善"的道理。

还有以前有一位神仙名叫钟离,他传授吕洞宾点铁成金之术,以利行善济世。

吕洞宾问道:"这种金会还原吗?"

钟离答:"五百年后,终究还要还原为铁。"

吕洞宾说:"这样不是害了五百年后的人吗?这种法术我不想学。"

钟离说:"修仙要先积满三千功德,就凭你这句话,三千功德已算圆满达成,你可以学修仙了。"这又是对半善与满善的另一种解释。

因此,为善必须真诚自然,事后不牢记在心里,则虽小善也能达成功果。若怀有企图去行善,施恩望报,那即使终生行善,也只是半善。譬如以钱财救济别人,若能做到付出金钱而心里没有感觉,付给其人而像没有其人,付出了钱财而像没有钱财,如此就是"三轮体空""一心清净"之境,则一文足以消千劫之罪，斗米也能种无涯之福。若施善而心不忘，施恩而望报，舍财物而心痛，那么即使施舍了万镒黄金，也只是半善而已。这也是对半善与满善的一种解释。

积善之方

十二、大小难易看动机

原文：

何谓大、小？昔卫仲达为馆职，被摄至冥司，主者命吏呈善恶二录。比至，则恶录盈庭，其善录一轴，仅如箸①而已。索秤称之，则盈庭者反轻，而如箸者反重。

仲达曰："某年未四十，安得过恶如是多乎？"

曰："一念不正即是，不待犯也。"

因问："轴中所书何事？"

曰："朝廷尝兴大工，修三山石桥，君上疏谏之，此疏稿也。"

仲达曰："某虽言，朝廷不从，于事无补，而能有如是之力。"

曰："朝廷虽不从，君之一念，已在万民；向使听从，善力更大矣。"

故志在天下国家，则善虽少而大；苟在一身，虽多亦小。

何谓难、易？先儒谓克己须从难克处克将去。夫子论为仁，亦曰先难。必如江西舒翁，舍二年仅得之束脩②，代偿官银，而全人夫妇；与邯郸张翁，舍十年所积之钱，代完赎银，而活人妻子：皆所谓难舍处能舍也。如镇江靳翁，虽年老无子，不忍以幼女为妾，而还之邻，此难忍处能忍也。故天降之福亦厚。

凡有财有势者，其立德皆易，易而不为，是为自暴。贫贱作福皆难，难而能为，斯可贵耳。

注释：

① 箸：筷子。

② 束脩（xiū）：十条干肉，多代指学生给老师的报酬。束：十条；脩，干肉。

积善之方

蒋维乔译：

再论善有大小、有难易之理。从前有位叫卫仲达的人，在朝廷担任官职，有一次他精神解离，被摄入阴间。阎王命人取来记录卫仲达善恶行为的簿子，其中恶录簿堆满庭院，善录簿卷起来像一根筷子。用秤来称，恶录簿反而比善录簿轻。

仲达好奇地问："我年纪还不到四十岁，哪来这么多的恶录？"

阎王答："念头不正就已犯罪，不一定做了才算。"

又问："这小卷善簿写些什么？"

阎王答："这是朝廷曾大兴土木，要修三山石桥时，你上书劝阻的奏章。"

仲达说："我虽上书，但朝廷并未采纳，何以有此分量？"

阎王说："朝廷虽未采纳，但你一念之善，已惠及万民之身；若被采纳，则善力更大。"

由此可知，若志在天下，善达万民，则善虽小而功德大；若志在一身，善及一人，善虽多而功德也小。

至于难易之善，就像修身克己一样，必须从很难克服的地方先克服起，则小的过失也就自然不会犯。孔子在阐述仁德的时候也强调从难处下手。譬如：江西的舒老先生，以两年教书所得的薪水，代缴他人的税银，使一对夫妇团圆；河北张老先生，以十年省吃俭用的储蓄，代别人偿还债务，而救活他人妻子儿女；镇江靳老先生，虽年老无子，也不忍娶幼女为妻。上述倾囊相助、体谅别人、为别人着想之善举，就是所谓难舍处能舍、难忍处能忍的好例子。这种难为之善，才最可贵，而天降之福也必丰厚。

有钱有势之人，行善积德是很容易的，但容易行善而不为，即为自暴自弃。无钱无势之人，行善助人是比较困难的，但若能尽力而为，在困难之中去行善，其精神也更为可贵，获福也必更大。

积善之方

十三、行善妙方有十味

原文：

随缘济众，其类至繁，约言其纲，大约有十：第一，与人为善；第二，爱敬存心；第三，成人之美；第四，劝人为善；第五，救人危急；第六，兴建大利；第七，舍财作福；第八，护持正法；第九，敬重尊长；第十，爱惜物命。

何谓与人为善？昔舜在雷泽①，见渔者皆取深潭厚泽，而老弱则渔于急流浅滩之中，恻然哀之，往而渔焉。见争者，皆匿其过而不谈；见有让者，则揄扬②而取法之。期年③，皆以深潭厚泽相让矣。夫以舜之明哲，岂不能出一言教众人哉？乃不以言教而以身

转之，此良工苦心也。

吾辈处末世，勿以己之长而盖人，勿以己之善而形人，勿以己之多能而困人。收敛才智，若无若虚，见人过失，且涵容而掩覆之，一则令其可改，一则令其有所顾忌而不敢纵。见人有微长可取、小善可录，翻然舍己而从之，且为艳称而广述之。凡日用间，发一言，行一事，全不为自己起念，全是为物立则，此大人天下为公之度也。

注释：

① 雷泽：古泽名，位于今山东菏泽东北。

② 揄（yú）扬：赞扬。

③ 期（jī）年：一年。

蒋维乔译：

行善的道理跟原则，上面已经说得很详细。下面来谈随缘济众、行善积德的方法，大约有十类：第一，与人为善；第二，爱敬存心；第三，成人之美；第四，

积善之方

劝人为善；第五，救人危急；第六，兴建大利；第七，舍财作福；第八，护持正法；第九，敬重尊长；第十，爱惜物命。

何谓与人为善？帝舜年轻的时候，在山东看渔人捕鱼，因看到鱼藏丰富的静水深潭都被年轻力壮者争相占据，而老弱渔人反被排斥于急流浅滩之处，于是深感伤心。随即他也亲身下水捕鱼，凡是碰到别人过来抢捕，他就故意让人，而不抱怨；逢到有人把鱼让给他捕捉，就当面称赞并道谢。如此相处了一年，此地也就形成了礼让的风气。试想，以舜之才智，哪有不能用言语教人的道理？而他却不用言教，宁取身教，以潜移默化地转移人心风气，真是用心良苦。

我们处于世风日下的社会之中，为人应尽量不拿自己的长处去彰显别人的弱点，不要故意表示自己的善心而去显示别人的恶意，也不要以自己的聪明才智去捉弄别人、折腾别人。应该尽量谦虚处世，见人有过失，尽量宽恕包涵，这样做一是为了让他们有改正的机会，二是为了让他们有所顾忌而不敢肆意妄为。见别人有一点长处可取，也要舍己从人，加以表扬。凡日用间，一言一语，一举一动，念念不忘为大众着想，处处维护真理原则，即是与人为善。

原文：

何谓爱敬存心？君子与小人，就形迹观，常易相混，惟一点存心处，则善恶悬绝①，判然如黑白之相反。故曰：君子所以异于人者，以其存心也。君子所存之心，只是爱人敬人之心。盖人有亲疏贵贱，有智愚贤不肖，万品不齐，皆吾同胞，皆吾一体，孰非当敬爱者？爱敬众人，即是爱敬圣贤；能通众人之志，即是通圣贤之志。何者？圣贤之志，本欲斯世斯人，各得其所。吾合爱合敬，而安一世之人，即是为圣贤而安之也。

何谓成人之美？玉之在石，抵掷②则瓦砾，追琢则圭璋③。故凡见人行一善事，或其人志可取而资可进，皆须诱掖④而成就之。或为之奖借，或为之维持，或为白⑤其诬而分其谤,务使成立而后已。

大抵人各恶其非类,乡人之善者少,不善者多。善人在俗,亦难自立。且豪杰铮铮,不甚修形迹,多易指摘。故善事常易败,而善人常得谤。惟仁人长者,匡直而辅翼之,其功德最宏。

注释:

① 悬绝:悬殊。

② 抵(zhǐ)掷:抛弃丢掷。

③ 追琢则圭璋:雕琢则成为贵重的玉器。追琢,雕琢;圭璋:两种贵重的玉器。

④ 诱掖(yè):引导帮助。

⑤ 白:辩解。

何谓爱敬存心?就一般人的行为来看,君子与小人实在有点混淆不清,但若能留意一个人的存心正邪,则善恶就像黑白一样分明。因此说:君子所以异于小人者,以其存心也。君子所存之心,只是爱人

敬人之心。俗语说："一样米养百种人。"人难免有亲与疏、贵与贱、智与愚、贤与不肖之分，但其中的每一个人都是我们的同胞，谁都应该受到尊敬和爱护。尊敬、爱护众人，等于尊敬、爱护圣贤；能通晓众人的意愿，即通晓了圣贤的意愿。因为"圣人无常心，以百姓心为心"。人人若能敬业乐群，安分守己，敬重别人，也珍重自己，即是代天行道，敬爱存心。

何谓成人之美？一般来说，社会上持善之人较少，不善之人较多，而一般人又有袒护自己、排挤异群的劣根性，因此善人处于俗世，除非他能守正不阿，否则也很难立足。加之有意行善之贤达人士，言行都与世俗不同，心直口快，不耍心机，不善逢迎，因此见识不高的俗人，就常对他们进行不公道的指责，而使贤达人士达不到为善的目的。

因此，仁人志士，长辈君子，应时加匡正辅助，以弘扬此等善士，这种成人之美的功德可不小。像处理含玉之石一样，若任意抛弃丢掷，那这块石头就同瓦砾一样；若懂得加以琢磨，它就会变成贵重的圭璋。因此，凡发现有人行善，其志可嘉，仁人长者就应该设法给予辅助，以成人之美。

原文：

何谓劝人为善？生为人类，孰无良心？世路役役①，最易没溺。凡与人相处，当方便提撕②，开其迷惑。譬犹长夜大梦，而令之一觉；譬犹久陷烦恼，而拔之清凉、为惠最溥③。韩愈云："一时劝人以口，百世劝人以书。"④较之与人为善，虽有形迹，然对症发药，时有奇效，不可废也。失言失人，当反吾智。

何谓救人危急？患难颠沛，人所时有。偶一遇之，当如恫瘝⑤之在身，速为解救。或以一言伸其屈抑，或以多方济其颠连⑥。崔子曰："惠不在大，赴人之急可也。"盖仁人之言哉！

何谓兴建大利？小而一乡之内，大而一邑之中，凡有利益，最宜兴建。或开渠导水，或筑堤防患；或修桥梁，以便行旅；或施茶饭，以济饥渴。随缘劝导，协力兴修，勿避嫌疑，勿辞劳怨。

注释：

① 世路役役：在社会生活中四处奔忙。

② 方便提撕（xī）：随机行事，加以提醒。提撕，提引，引申为提醒。

③ 溥（pǔ）：广大。

④ 一时劝人以口，百世劝人以书：用言语劝人，影响只在一时；用书劝人，可以影响百世。

⑤ 恫瘝（tōng guān）：疾病，痛苦。

⑥ 颠连：困苦的处境。

蒋维乔译：

何谓劝人为善？但凡是人都有良心，只因人生旅途纷扰动荡，为名为利而使人沉沦堕落。因此与人相处，须时时提醒指点他人，以解开迷惑。韩愈说："一时劝人以口，百世劝人以书。"用语言劝人和以身作则这两种劝人为善的方法都很重要，为人若能临机应变，因材施教，作到不失人不失言，则就像解人烦恼、醒人噩梦一样，是最好也是最实惠的事。

积善之方

何谓救人危急呢？人生在世，难免都会有失败与不幸的遭遇。当碰到了别人遭难之时，应当像自己身患病痛一样，尽力给予协助。或发言辩解，申诉他的冤屈；或给予其他方式的接济。崔先生说："恩惠不在大，能解救他人一时的急难即可。"这是仁人的言论啊！

何谓兴建大利？就是协助建设公共设施，譬如开渠导水，修筑堤防，修建桥梁以便人们通行，施茶施饭解人饥渴……有钱出钱，有力出力，随缘劝导，不辞劳怨。

原文：

何谓舍财作福？释门万行，以布施为先。所谓布施者，只是"舍"之一字耳。达者内舍六根①，外舍六尘②，一切所有，无不舍者。苟非能然，先从财上布施。世人以衣食为命，故财为最重。吾从而舍之，内以破吾之悭③，外以济人之急。始而勉强，终则泰然，最可以荡涤私情，祛除执吝。

何谓护持正法？法者，万世生灵之眼目也。不有正法，何以参赞天地？何以裁成万物？何以脱尘离缚？何以经世出世？故凡见圣贤庙貌④、经书典籍，皆当敬重而修饬之。至于举扬正法，上报佛恩，尤当勉励。

何谓敬重尊长？家之父兄，国之君长，与凡年高、德高、位高、识高者，皆当加意奉事。在家而奉侍父母，使深爱婉容，柔声下气，习以成性，便是和气格天之本。出而事君，行一事，毋谓君不知而自恣⑤也；刑一人，毋谓君不知而作威也。事君如天，古人格论⑥，此等处最关阴德。试看忠孝之家，子孙未有不绵远而昌盛者，切须慎之。

注释：

① 六根：眼、耳、鼻、舌、身、意。

② 六尘：又称"六贼"，指色、声、香、味、触、法。

③ 悭（qiān）：吝啬。

④ 庙貌：庙堂里供奉的圣贤形象。

⑤自恣：自我放纵。
⑥格论：至理名言。

蒋维乔译：

何谓舍财作福？佛门万种善行，以布施为第一。施就是舍。贤明的人内舍六根，外舍六尘，一切所有都可施舍。一般人当然达不到此种境界，那么可先从施财做起。世人依靠衣食维持生命，因此把钱财看得最为重要。人若能看破人生，从最困难的施财做起，以利群生，广积阴德，则内能去除自私吝啬的劣根性，外能济人之急难，将大有助于修善行持。虽然初期会感到勉强，但慢慢就会感到心安理得。

何谓护持正法？正法即是正道，正道是万世生灵的眼目。没有正法，则难以参与并协助天地万物的化育成长，难以脱离凡尘三界，难以维护苍生，救渡众生。因此，凡是见到圣贤庙貌、经书典籍，皆应敬重并加爱护整理。至于弘扬正法以报佛恩这类事，更要认真去做。

何谓敬重尊长？家之父兄，国之君长，以及凡是年岁、道德、职位、见识高的人，我们都要敬重。在家侍奉父母应柔声下气，毕恭毕敬。出门服务社会国家，每做一件事，不可以为君主不知道就放肆乱来；每惩罚一个犯人，不可认为君主不知道就作威作福，而应心平气和地处理。这些都是最关系阴德的。试看忠义之家，子孙没有不绵延昌盛的，所以一定要谨慎才是。

原文：

何谓爱惜物命？凡人之所以为人者，惟此恻隐之心而已；求仁者求此，积德者积此。《周礼》："孟春[①]之月，牺牲毋用牝[②]。"孟子谓"君子远庖厨"，所以全吾恻隐之心也。故前辈有四不食之戒，谓闻杀不食，见杀不食，自养者不食，专为我杀者不食。学者未能断肉，且当从此戒之。渐渐增进，慈心愈长，不特杀生当戒，蠢动[③]含灵，皆为物命。求丝煮茧，锄地杀虫，念衣食之由来，皆杀彼以自活。故暴殄

积善之方

之孽,当与杀生等。至于手所误伤,足所误践者,不知其几,皆当委曲防之。古诗云:"爱鼠常留饭,怜蛾不点灯。"何其仁也!

善行无穷,不能殚述。由此十事而推广之,则万德可备矣。

注释:

①孟春:初春,春天的第一个月。

②牺牲毋用牝(pìn):不要用雌性的鸟兽做祭品。牺牲,古代用作祭祀的牲畜;牝,雌性的鸟兽。

③蠢动:小虫蠕动的样子。

蒋维乔译:

何谓爱惜生命?古人常说:"爱鼠常留饭,怜蛾不点灯。"当然一般人很难达到此种境界,这只是提醒我们,必须保护人所具有的恻隐之心。《周礼》说:"初春季节,不要用雌性的鸟兽做祭品。"孟子说"君子远庖厨"。这都是为了保全人人皆有的恻隐之心。

因为人生在世，求仁者尽在此心，积德者也凭此心。因此，为人若不能断肉持斋，也应当做到"自养者不食，见杀者不食，闻杀者不食，专为我而杀者不食"之四不食，以培养慈悲心肠，增长福分智慧。

再说，古人煮茧以求丝织衣，今人种田除虫以养人，衣食之源，样样杀彼以自活。因此，为人一生，若不知爱惜物命，反而暴殄天物，那就跟造了杀生罪孽一样。至于手所误伤，足所误践者，更是常见，都应当随时预防，尽量避免。

总之，积善之方太多太多，难以一一举例畅述，但只要能依此十类方法推广修持，则万种功德都是能完成的。

谦德之效

原文：

《易》曰："天道亏盈而益谦；地道变盈而流谦；鬼神害盈而福谦；人道恶盈而好谦。"是故谦之一卦，六爻皆吉。《书》曰："满招损，谦受益。"予屡同诸公应试，每见寒士将达，必有一段谦光可掬①。

辛未计偕，我嘉善同袍凡十人，惟丁敬宇宾②，年最少，极其谦虚。

予告费锦坡曰："此兄今年必第。"费曰："何以见之？"予曰："惟谦受福。兄看十人中，有恂恂款款③、不敢先人，如敬宇者乎？有恭敬顺承、小心谦畏，如敬宇者乎？有受侮不答、闻谤不辩，如敬宇者乎？人能如此，即天地鬼神，犹将佑之，岂有不发者？"及开榜，丁果中式。

谦德之效

丁丑在京，与冯开之同处，见其虚己敛容，大变其幼年之习。李霁岩，直谅益友④，时面攻其非，但见其平怀顺受，未尝有一言相报。予告之曰："福有福始，祸有祸先。此心果谦，天必相之。兄今年决第矣。"已而果然。

赵裕峰光远⑤，山东冠县人，童年举于乡，久不第。其父为嘉善三尹，随之任。慕钱明吾，而执文见之。明吾悉抹其文，赵不惟不怒，且心服而速改焉。明年，遂登第。

壬辰岁，予入觐⑥，晤夏建所，见其人气虚意下，谦光逼人。归而告友人曰："凡天将发斯人也，未发其福，先发其慧。此慧一发，则浮者自实，肆者自敛；建所温良若此，天启之矣。"及开榜，果中式。

注释：

① 谦光可掬：谦逊的光彩可以用手捧住，形容十分谦虚。

② 丁敬宇宾：丁宾，字敬宇，人名。

③ 恂恂款款：恭谨诚恳的样子。

④ 直谅益友：刚正诚信的益友。《论语·季氏》："益者三友……友直，友谅，友多闻，益矣。"

⑤ 赵裕峰光远：赵光远，号裕峰，人名。

⑥ 入觐（jìn）：入宫朝见皇上。

《易经》说："天地运行的规律是减损自满的而增益谦虚的，人的心理亦是憎恨骄傲自满者而敬重谦虚之人。"

《易经》一书，挂着六十四条大原则，分述三百八十四条小道理，戒慎警惕之词占三分之二，只有谦卦之六条道理，全部都是赞颂之词。《尚书》中也说："自满会招来损失，谦逊则会受益。"

试看清寒之士，在发达成名之前，必都有一段谦容可掬的时光。辛未年（1571年），我和同乡共十人上京赴考，其中丁宾的年纪最小，但却也最谦虚。

我告诉朋友说："这位老兄今年必中考。"朋友说："何以见得？"我说："唯有谦虚者必获福。你看这十

谦德之效

人之中，只有他信实厚重，没有轻浮的样子；只有他恭敬温顺，虚怀若谷，不跟人争面子；也只有他受侮辱而能忍耐，听到了毁谤而不辩。人的修养到了此种地步，天地鬼神都将保佑他，哪有不发不中的道理。"到了发榜时，果然被料中。

还有浙江秀水冯开之、山东冠县赵光远以及浙江嘉善夏建所等人，都是在连考不中之后，大改之前骄傲自负的脾气，变成谦谦君子，然后考中的例子：

丁丑年（1577年），我居京城，与冯开之同处，看他为人谦逊内敛，一改幼年的习气。李霁岩是他的朋友，为人正直诚信，时常当面指出冯的过错。冯开之总是平心静气、虚心地接受指责，没有任何反驳。我对冯开之说："福与祸都有其根由，一个人如果能做到虚心能容，上天一定会加以庇护。想来仁兄今年定能高中。"之后，他果然考中进士。

山东冠县的赵光远，号裕峰，少时参加乡试便得中举人，但之后的考试总是不能如意。赵光远在父亲出任嘉善三尹时跟在其父身边，因仰慕钱明吾先生，

所以携带自己所写的文章前去拜见。钱明吾先生将他的文章悉数涂抹，他不但不生气，而且心服口服，很快改正了文章的问题。第二年，他果然考上了进士。

壬辰年（1592年），我在朝见皇上时，遇到了夏建所先生。他为人气度谦和，风采照人。我回去之后和朋友说："上天若要让某人飞黄腾达，在未赐予他福祉之前，必先打开他的智慧。智慧一开，则华而不实的人自会沉稳，骄纵的人自会约束自我。夏建所先生如此温良，这是上天打开了他的智慧。"等到发榜时，他果然考中了。

原文：

江阴张畏岩，积学工文，有声艺林①。甲午，南京乡试，寓一寺中，揭晓无名，大骂试官，以为眯目②。时有一道者，在傍微笑，张遽移怒道者③。

道者曰："相公文必不佳。"

张怒曰："汝不见我文，乌知不佳？"

道者曰："闻作文，贵心气和平，今听公骂詈，

谦德之效

不平甚矣,文安得工?"

张不觉屈服,因就而请教焉。

道者曰:"中全要命;命不该中,文虽工,无益也。须自己做个转变。"

张曰:"既是命,如何转变?"

道者曰:"造命者天,立命者我。力行善事,广积阴德,何福不可求哉?"

张曰:"我贫士,何能为?"

道者曰:"善事阴功,皆由心造。常存此心,功德无量。且如谦虚一节,并不费钱,你如何不自反而骂试官乎?"

张由此折节自持,善日加修,德日加厚。丁酉,梦至一高房,得试录一册,中多缺行。问旁人,曰:"此今科试录。"

问:"何多缺名?"

曰:"科第阴间三年一考较,须积德无咎者,方有名。如前所缺,皆系旧该中式[④],因新有薄行而去之者也。"

后指一行云:"汝三年来,持身颇慎,或当补此,幸自爱。"是科果中一百五名。

由此观之,举头三尺,决有神明;趋吉避凶,断然由我。须使我存心制行,毫不得罪于天地鬼神,而虚心屈己,使天地鬼神时时怜我,方有受福之基。

彼气盈者,必非远器,纵发亦无受用。稍有识见之士,必不忍自狭其量,而自拒其福也。况谦则受教有地,而取善无穷,尤修业者所必不可少者也。

古语云:"有志于功名者,必得功名;有志于富贵者,必得富贵。"人之有志,如树之有根,立定此志,须念念谦虚,尘尘方便,自然感动天地,而造福由我。今之求登科第者,初未尝有真志,不过一时意兴耳。兴到则求,兴阑则止。孟子曰:"王之好乐甚,齐其庶几乎!"予于科名亦然。

注释:

① 艺林:学界。

② 以为眯(mí)目:认为考官眼光有问题。眯,

谦德之效

眼睛进了异物而导致视线不清。

③道者：可指僧人，也可指道士。此处指僧人。

④旧该中式：原本就该考中。

蒋维乔译：

江阴张畏严，其人善作文，在学界享有盛名。甲午年（1594年）他参加考试，寄宿寺中。结果名落孙山，他恼羞成怒，竟然大骂考官不识人才。当时有一僧人在旁微笑，张君于是又迁怒于这位僧人。

僧人说："必是你的文章不好吧！"

张君盛怒说："你又没见我的文章，怎知不好？"

僧人说："听人家说，写文章必须心平气和，现在看你破口大骂的样子，心极不平，气极不和，怎么可能写得出工巧的文章呢？"

张君不知不觉地就信服了，转而请教僧人。

僧人说："考试也靠命运：命不该中，花再多时间也无用处，必须先改变自己。"

张问："既然是命运，如何改变？"

僧人说："命运由上天赋予，改善命运却靠自己。努力行善，广积阴德，什么样的福祉不能求到呢？"

张君问："我是贫穷之人，如何行善积德？"

僧人说："善事阴德，都从心而来。常存善心待人接物，则功德无量。譬如谦虚这一品质，并不用花钱去买，你为何不反省，责备自己修养不够，而只责怪考官呢？"

张君从此猛然醒悟，日日行善，时时积德。到了丁酉年（1597年），他有一次梦见自己走到一栋高楼里，捡到了一本开榜的名录，但榜上有许多缺行。他好奇地问身边的人："这是什么名册？"旁人答："是今年科举考试的录取名册。"

张君又问："为何缺这么多名字呢？"

旁人答："阴间每三年就考核一次，须积德与无恶之人，才能在榜上留名。空缺处被擦掉之人，都是本来榜上有名，但因为刚做了缺德的恶行，因而被刷掉了。"旁人又指着空缺的一行说："你三年来谨慎修身，可能会补得此缺，希望你继续自重自爱。"在

谦德之效

这一年科举考试中,张君果然考取了第一百零五名。

由此看来,俗语说"为人莫做亏心事,举头三尺有神明"是有原因的。人生在世,吉凶祸福,如何趋避,确是系于一念。人若能紧收一念之善,丝毫不得罪天地鬼神,谦虚地约束自己,则天地鬼神必能时时照顾维护,以荫人福祉。

人若自骄自满,恃才傲物,恃强逞能,不但没有光明的前途,也成不了大器;就是有小小的福气,也享受不了。因此有智慧的人,明理的人,绝对不会使自己的心胸变得狭窄,从而自拒其福。何况只有谦虚之人,才能接受别人的教导,也才有人愿意给他福慧,而受益无穷。所以,谦虚谨慎是一般人修持所不可少的品质。

古人说:"有志于功名者,必得功名;有志于富贵者,必得富贵。"人之立志,像树立根,立定志向后,须念念不忘谦虚,处处与人方便,自然就能感动天地。因为造化惟心,成败在己。如今一些求取科举功名的人,起初并未真正地立定志向,无非是一时的兴致。

兴致来了就去求取，兴致没了就放弃。

孟子说过："若大王真的十分喜欢音乐，那么齐国也许差不多就可以治理好了。"人若能扩充自己的德性，将个人祈求功名富贵的希望，推及众人，与人共享，与人同乐，则人生自必无忧无虑，和平安详。因此，凡人若想修身立命，必须有恒心，立定志向，广积阴德，加被十方，则命运也就拘束不了人。

书信附录

与沈懋所书

百年尘世，如石火，如电光，如草头露。若不回光返照，速求本命元辰[①]下落，岂不错过？然我辈学术，不但热闹中能扰我性灵，而寂静中亦有坐驰[②]之患。积闲成懒，积懒成衰，暗地损伤，特不自觉耳。故智者除心不除事，愚人除事不除心。

适过白下，知尊驾已入山中，除心乎？除事乎？能从心上用功则不论闲忙皆为胜事，不能治心而徒避事，虽终身岩谷，草木衣食，避尽一世尘嚣烦恼，终属厌恶心肠[③]，非究竟廓然之旨也。

叶振斋尊堂[④]久病，势日进不衰，今垂绝矣，只在目下，欲完绍袁姻事而道驾山栖[⑤]。无由情告，特遣小价[⑥]远寻，乞暂过令亲处行礼，更择日归家，此万不得已之至情也。叶年嫂[⑦]遣人恳告，迫切上闻，伏惟留意。

注释：

① 本命元辰：指本性。本命、元辰原指支配人的性命之星，禅宗将其比作人自身的本性。

② 坐驰：静坐之中却杂念不息。

③ 心肠：指心思。

④ 尊堂：敬称，用来称呼人之母。

⑤ 道驾山栖：道驾，原指神人之车驾；山栖，指隐居山中。此处指仙逝。

⑥ 小价：小介，指仆人。

⑦ 年嫂：古人将同榜登科者的夫人称为年嫂，这里指叶振斋的妻子。叶振斋与袁了凡都于万历十四年（1586年）考取进士，为同榜登科，故袁了凡称叶振斋的妻子为年嫂。

译文：

尘世之中，百年时光如同草头露水，电光石火间

便迅疾消逝。如果我们不及时醒悟，速求自身的本性，不就会永久地错失吗？然而，我们这些人，在追寻学问与知识之时，不只在喧闹的状态中使得性灵受到干扰，在寂静的状态中也杂念纷繁。闲散久了便会懒惰，懒惰日长精力就会衰退，身心其实在暗地里经受损伤，只是我们没有察觉到而已。智者只消除心中的杂念，并不隔绝周遭的琐事，愚人则相反。

我恰巧从白下县经过，听闻您已经隐居山中，这是为了消除心中的杂念还是为了隔绝身边的琐事呢？一个人倘若能在自己的心上下功夫，那么无论闲适还是繁忙，都将十分美好。但若不能调理好自己的内心，只是一味地躲避外事，那么即使您身居山谷，以草木为衣食，远离世上的一切烦恼与喧嚣，您的心地最终还是会有不适，无法达到最终的豁达与释然。

叶振斋的母亲生病已久，病势越加严重，不久将撒手人寰，只盼了却叶绍袁的婚姻大事。这一番苦衷难以相告，特地派遣身边的仆人在外寻您，请求您能暂去父母处参加婚礼仪式，此后择日回家，这一番至情，实属无可奈何。叶夫人派人恳求，十分急切，希望您能得知，万万留意此事。

与王春元书

足下良璧①也，愿足下自爱。酒可饮而不可沉，花可玩而不可溺。面前一切纷华，皆埋没性灵之物，智者过而不留，愚者迷而不悟。丈夫一身，上之当勒铭钟鼎②，次之当凝神保身，岂可浪掷精神，虚此一生。相爱敬言，幸惟留念。

注释：

① 良璧：美玉。

② 勒铭钟鼎：指获取勋德。《旧唐书·长孙无忌传》："自古皇王，褒崇勋德。既勒铭于钟鼎，又图形于丹青。"

译文：

您的品行如同美玉，希望您能自重。酒可以饮，花可以赏，但不要沉溺其中。眼前的一切繁华与富丽，都会埋没我们自身的性灵，智者穿行其中而不滞留，愚人沉迷其中而不醒悟。堂堂丈夫，首先应当获取勋德，其次应当收摄精神保全身体，怎么能乱耗精神而虚度一生呢？我敬爱您，所以出此言，希望您能记在心中。

寄夏官明书

弟凡六应秋试[①]，始获与丈齐升；又六上春官[②]，仅叨末第。秦裘[③]履敝，齐瑟[④]知非，落魄春风，孤舟夜雨，此时此味，此恨此心，惟亲尝者脉脉识之，未易为旁人道也。

吾丈题柱[⑤]高材，脱锥[⑥]甚易，而亦趑趄歧路，落落后时，足下之其解乎？此非战之罪[⑦]也。进退升沉，司之造物，不待濡毫染翰⑧；而甲乙姓名，玄藉已定矣，区区文字，特其媒耳。不然，士固有素业未工而试则得意，有萤窗夙善⑨而战则失奇者，此何为也？

吾愿吾丈付荣枯于造物，责旋转吾身：不求文字之惊，独坐而惟求惠迪⑩之应，可以转天心；不待吾艺之必合于主司，而惟恃立心制行，可以自求乎多福。盖谓祸福无不自己求之，则圣贤之言；如谓祸福惟天所命，则世俗之论也矣。

弟思之甚熟，试之有效，谨三熏三沐而献之几杖之前⑪，吾丈其俯听之毋忽。

注释：

①秋试：乡试，为中国古代科举考试之一。乡试在秋天举行，故又称秋试。另外有会试（在京师会考）、殿试（天子亲自考察）。乡试得中者为举人，会试得中者为进士。殿试后分为三甲：一甲三名赐进士及第，通称状元、榜眼、探花；二甲赐进士出身，

第一名通称传胪；三甲赐同进士出身。

②春官：春官为古官名，是颛顼氏时的五官之一，掌理礼制、祭祀、历法等事。唐光宅年间曾改礼部为春官，后春官遂为礼部的别称。此处"上春官"意指进京参加会试。

③秦裘：破旧的皮衣。

④齐瑟：古代齐地善制瑟，故称瑟为齐瑟。齐瑟声音和婉，宴饮时常用其助兴，此处代指宴饮欢乐。

⑤题柱：传东汉灵帝时，长陵田凤为尚书郎，仪貌端正。汉赵岐《三辅决录》卷二载："入奏事，灵帝目送之，因题殿柱曰：'堂堂乎张，京兆田郎。'"后遂以"题柱"为称美郎官得到皇帝赏识之典。

⑥脱锥：《史记·平原君虞卿列传》载，"譬若锥之处囊中……乃颖脱而出，非特其末见而已"，这里指自显其才。

⑦非战之罪：《史记·项羽本纪》载，"然今卒困于此，此天之亡我，非战之罪也"，这里意指天命有归，并非个人能力不足。

⑧濡毫染翰：谓蘸笔书写或绘画。这里代指诗文策论。

⑨萤窗夙善：一直勤学苦读。萤窗，晋人车胤（yìn）家贫点不起油灯，以萤光夜读。后用"萤窗"一词形容勤学苦读。夙，一直以来。

⑩惠迪：顺应天道。

⑪三熏三沐而献之几杖之前：我诚心诚意将这些告诉您。三熏三沐，再三沐浴熏香，表示郑重或虔敬；几杖，代指老人，这里是敬称，同"吾丈"。

译文：

我历经六次乡试，才能够和您一同得中举人。此后又六次赴京参加会试，才勉强获得进士出身。回想这一路的历程，衣衫褴褛，远离友人的宴饮，京师春风吹园之际，我却潦倒落第，归程只有孤舟夜雨相伴，这种情境，只有亲身经历过的人才能理解，旁人难以体会。

纵使您才华高绝，易得圣上赏识从而显示自己的

能力，但是您的取第之路依然坎坷，久久不能如愿，其中的缘故您是否明白？并不是您的能力不足，而是天命有归。个人仕途的进退，荣辱的沉浮，并不取决于文论水平，而是由造物者决定；至于甲乙名次，冥冥之中早已有定，文字只不过是传达这一信息的媒介罢了。如果不是这样，那么，有些人学业不勤但考试便能得意，有些人萤窗苦读但考场偏偏失意，对于这样的情况该作何解释？

我希望您将荣辱归还造物者，自身做出改变：不要执着于追求文论惊人，而是静下心来顺应天道，这样才能回转天意；不求我们的文论风格符合主考人的喜好，只需顺受天意、约束行为，就可以自求多福了。祸福无一不是自己求而得之，这是圣贤的观点；祸福都是上天所降，这是世俗之人的言论。

我对此考虑了很久，用于实践也有效果，因此我诚心诚意地将这些告诉您，希望您不要忽视。

书信附录

答友人书（节选）

足下今之古人也！行将独对大廷①，有把握乾坤之责，而弱躯孱然何以堪之？自古豪杰，未有精神不凝而能读天下之书、成天下之事者。适接三槐兄道足下以读书攻文致疾，则惑矣。夫书也文也，皆六艺②之一也。古人游艺③以蓄德，今人溺艺而丧志，非艺之罪也。是故均一书与文也，善学者借之以养气，不善学者则耗气矣。

读书之法，必先整襟危坐、收敛元神，开卷伏读，优游寻玩其未得也。绵绵密密如鸡之抱卵，意气专一而百虑俱空。其既得也，一言会心，是非双遣，如龙之腾空而倏然于尘埃之表。

作文之法，在汲泳性灵使心田常活，不在躁急心热欲速求工；在打透机括使词源沛然，不在饾饤④掇拾、疲精役气。不论作文不作文，常要凝定心神、摒除杂念，眼耳鼻舌身意都要在题目上，凝之久，久则文机自活、文窍自通。譬之植木者，根深则枝茂，乃气实生叶而非袭取也。用之则文章，藏之则性命，又何妨焉。谨三熏三沐二献之几杖之前，足下其听之毋忽。

注释：

①大廷：又作"大庭"，朝廷。

②六艺：周朝贵族子弟入学所需要掌握的六种技能，即礼、乐、射、御、书、数。此处的读书作文属于"书"。

③游艺：游憩于六艺之中，之后泛指学艺的修养。

④饾饤（dòu dìng）：比喻堆积辞藻。

译文：

阁下实在是固执而不明事理！您即将入朝为官，匡扶社稷，可是您羸弱的身躯如何承担这重大的责任呢？自古以来的豪杰之士，全都是精神专一后才通读天下之书、成就一番大业的。然而我从三槐兄处听说，您因为读书作文过于劳累而患病，这让我十分疑惑。读书作文，属于六艺之一。古人学习某一技艺是为了蓄养品德，现在的人则沉溺于技艺中而丧失了志向，当然，这和所学的技艺无关。因此，读书和作文一样，精于此道的人借此培养精气，不明其理的人反会损耗精气。

读书之道，必定要先正襟危坐，将四散的精神收敛回来，然后展开书优游其中，细细玩味书中的精妙之处。整个过程必须像鸡母抱卵一样，全部精神都在书中，放空所有的杂念达到意气专一。体会到书中的精妙之处，顿觉深得我心，此前是是非非的观念豁然一空，精神就像一条龙一般倏然腾飞于尘世之外。

文章之道，在于使自己的性灵自然发展，使心田时刻充满活力，而非心急气躁地追求工巧；在于打通文窍使得语词能源源不断产生，而非执着于辞藻堆砌而徒然损耗精气。无论是否动笔，都要凝定心神、摒

除杂念，六根集中于题目之上，久而久之，文机自然会活，文窍自然会通。这个过程就像种树，树根扎得深那么枝叶自然会茂盛，这就是生气自然地催发枝叶而并非人为修饰。这种生气外用则会成为文章，内藏则是性命，内外豁然贯通没有丝毫凝滞。我诚心诚意地告诉您，希望您不要忽视。

寄高青崖

青崖无恙！别青崖十余年矣，未审道况何如？精力何如？同官何人最厚？亦有可托妻子、寄死生者否？

朝夕追随而肺腑不相通者谓之貌交；酒食相呼、期会相逐而缓急难恃者谓之俗交；共相揖让、中有偷心谓之市朝之交；不谈道义、不考古今而昏昏相聚者谓之醉梦之交；惟慕青紫[1]、掎角相争而全无齑盐[2]风味者谓之势利之交；数则朝夕叩门、疏则经旬绝迹而总无实意薰蒸者谓之冷暖之交。

书信附录

交情百种，顷刻变换，故孔门择友须辨损益[3]，在仕途尤宜加意。老丈坦中平怀而用意忠厚，最宜慎择而定交。但得益友三四人便足自立，更不宜泛，泛则不惟不得其益，兼恐受累也。近刻一部，幸留为乙夜[4]之览。

注释：

① 青紫：指古代高官印绶、服饰的颜色。比喻高官显爵。

② 齑（jī）盐：腌菜和盐。借指素食，泛指清贫生活。

③ 损益：《论语·季氏》载，"益者三友，损者三友。友直、友谅、友多闻，益矣；友便辟、友善柔、友便佞，损矣"。

④ 乙夜：二更时候，约为夜间十时。

译文：

青崖兄，分别十余年，别来无恙！不知道您仕途是否平坦？精力是否充足？同朝为官的人中与谁交情最厚？是否有能够托付妻子、寄托生死的人？

整天形影不离，但心意并不相通，这样的叫作貌交；平日可以饮酒作乐共赴佳会，危急时刻却难以依靠，这叫作世俗之交；表面上互相礼让而内心互相算计则为市朝之交；不一起谈论道义、考察古今，只是浑浑噩噩地聚在一起，这样的叫作醉梦之交；一心想着争名夺利，难以忍受清贫滋味，这样的叫作势利之交；关系好时每天上门，关系疏远后则长期销声匿迹，其间并无真情实意，这样的叫作冷暖之交。

交情数以百计，顷刻间就会变换，因此孔子及其门人提倡辨别损友与益友，您在仕途之中更应该对此留意。您心胸平坦，心地忠厚，一定要谨慎择友。只要有三四个益友，便足以在世间立足，千万不要随意交友，泛泛之交不但不能使您受益，恐怕您到头来会反受牵连。最近新刻一部书，希望能做您的夜中读物。

书信附录

复王辰玉书

读来翰①。应酬不能适性，将屈而蛇行；读书不能汲泳，将急而獭祭②。鄙人盖伤于虎者③，片言刺骨，弥日伤魂。虽然此众人之通患，非贤豪之上轨也。

窃谓应酬之道，不独发己自尽，兼欲循物无违。若因人检己，则贤不肖皆师；因事炼心，则喧杂纷挐④皆成妙境。足下之懒见客，乃病也，非药也。读书有未记者亦须求记，但不可生一厌心。

唐诗云"心持半偈万缘空"，自今人论之，不着一物始为心空，持半偈而万缘空，此理最可玩索。读书虽非息心之道，亦是聚念之方，一句染神则万妄皆息，但见其乐不见其苦也。吾愿足下随缘用工，处处磨炼，接一客即求一客之益，读一书即求一书之益，而毁誉得丧一切付之无心，庶其去圣贤不远乎！不然，

133

岂独接客读书为吾之障，即闭户冥心，坐驰转远矣。

魏县陈于王，并浚县金继震、内黄徐成楚，作尹皆有能称。近因征税颇为抚台⑤所疑，其详具陈生揭⑥中。恳求老丈从容对老师一言，抚按⑦处，因便达之，俾从公勘实。果重征也，罪不可蔽也；不然而使少年良吏遂蒙不廉之名，蹶其终身之步，此至可惜而至不平者也。爱惜人才，我丈夙愿，敢私布之。

注释：

① 来翰：来信。

② 獭祭：獭是一种哺乳动物，喜欢吃鱼，经常将所捕到的鱼排列在岸上。在古人看来，这情形很像是在陈列祭祀的供品，所以就称之为獭祭鱼或獭祭。獭摆放鱼的现象，后引申为堆砌的意思。

③ 伤于虎者：朱熹《近思录》载，"昔曾经伤于虎者，他人语虎，则虽三尺童子，皆知虎之可畏，终不似曾经伤者，神色慑惧，至诚畏之，是实见得也"。此处意指袁了凡对王辰玉蛇行獭祭的境况有切身体会。

④纷挐：纷纭错杂的意思。

⑤抚台：明清巡抚的别称。

⑥揭：揭帖，文书名。元代官方文书。明代始为正式进呈文书之一，属上行文，一度为内阁直达皇帝的机密文件。后使用渐广，凡公开的私人启事亦称"揭帖"，不具名而有揭发性质者称为"匿名揭帖"。

⑦抚按：明清巡抚和巡按的合称。

译文：

读了您的来信。得知您在应酬中不能称心，将要屈从行事；读书不能深入涵泳，将流于堆砌文字的地步。您现在的状态，我有切身的体会，这就像曾经为老虎所伤，听到别人有只言片语提到老虎，就感觉惊心刺骨、整天魂不守舍一般，我得知您的境况后也是这样。您的问题虽然大多数人身上都会有，但这终究不是贤豪之士该有的。

我自认为应酬之道，不仅仅是尽自己之心，也要遵循外物体现的事理。如果能通过他人照见自己，那么贤与不贤之人,都可以做自己的老师;如果能通过具体的事情磨炼内心,那么所有的喧嚣与繁杂都会变得美妙。您懒于接见客人的行为,恰恰是一种疾病,而非治愈您心疾的良药。在读书时,如果有疏忽的地方,也一定要反过头来认真去理解记忆,但在这个过程中千万不要心生厌烦。唐诗有云"心持半偈万缘空",现在的普遍看法是,内心不执着于任何事物才能称得上是空,唐诗却说,内心抱持半偈,万般因缘才能归空,其中的道理最引人深思。

读书虽然不能完全平息您内心的世俗想法,但是却可以让它不那么喧闹纷杂。读书过程中,如果对某一句话能够心领神会,那么您心头的各种妄念就会瞬间停息,这样读书就能乐在其中而没有一丝愁苦。我希望您能随性自然,把每一件事都当作磨砺,见客时就在见客的过程中寻求感悟,读书时就在读书的过程中寻求感悟,将荣辱得失皆抛去身外,不挂于心,这样大概就离圣贤不远了。不然,不只读书和应酬会成为您心中的魔障,即使您闭门谢客去潜心泯灭俗念,

书信附录

杂念依旧不会停息。

　　魏县的陈于王和浚县的陈继震、内黄县的徐成楚一同因做县令能干而被人称赞。近来陈于王因为征税的事情而被抚台怀疑,这件事陈于王在密揭中有详细的叙述。请求您能在您的老师面前宽言几句,使抚按能根据实情斟酌处理,让陈于王跟随抚按核实情况。若陈于王果真过度征税,那么他就罪有应得;如若不是,无端使一个青年才俊蒙受不白之冤,断了他一生之路,这是多么令人惋惜的事情,而且对陈于王本人也不公平。爱惜人才,是您一直以来的愿望,希望我私下向您请求协助的说辞不至惹您厌烦。

答管东溟书

　　世间一切顺逆好丑,皆系宿业所召,不可脱离,不容欣厌。其遇逆与丑也,反躬自励,借境进修,不求减轻,不计效验;其遇顺与好也,应缘忏德,不胜

惭愧。

常恐顺境多魔，淫逸易肆，《中庸》所谓"素富贵行乎富贵，素贫贱行乎贫贱"者，岂特随缘顺受已哉！政有一叚①，正己工夫不怨不尤，而反求诸身，然后素位②，功夫始有下落。

老丈足疾渐愈而风痰③攻之，知为宿业，便当念念自得，时时反己。射不中的，于正鹄何罪？

陈爱之夙知其佳士，欲留之俯教小孙，豚儿④已请旧师，有成议矣，仰负雅托，不胜惶悚。

注释：

① 叚：通瑕，玉的瑕疵，引申为缺点、过失。

② 素位：按当前所处之地位的本来性质、要求行事。

③ 风痰：见《医学入门》卷五载，"动于肝，多眩晕头风，眼目瞤动昏涩，耳轮搔痒，胁肋胀痛，左瘫右痪，麻木蜷跛奇证，名曰风痰"。

④ 豚儿：谦词，代指自己的儿子。

书信附录

译文：

尘世中所遇到的一切顺境逆境、是非好丑，都是之前的行为导致，无论你喜欢与否，都难以避免。遇到逆境和丑恶之事时，要反身勉励自己，在逆境中精进自己的修养。这样做的时候，不要希求改变当下所处的境况，也不要执着于之后的效果。遇到顺境与美好之事时，则要顺应机缘、自忖德行，将其当作幸运之事。

常常害怕顺境之中多魔障，陷入骄奢淫逸的境地，《中庸》中曾提到："处于富贵，就按富贵之人应做的那样去做；处于贫贱，就按贫贱之人应做的那样去做。"难道这只是强调一切随缘然后顺从地接受吗？政策总会有瑕疵，但是要不断提高自己的修养，不怨天、不尤人，时常回过头来从自身上下功夫，处于什么位置就行什么样的事情，然后你的一番努力才会有结果。

您脚上的病痛逐渐好转，又为风痰所困扰，您如果能明白这是此前行为累积导致，那么就应当时刻自省。射雁不能射中目标，这与大雁有什么关系呢？

　　我素闻陈爱之是一个贤才，想要留请他做孙儿的老师，小儿与昔日的老师商议后，已经作好了决定，辜负了您的一番盛意，深感惭愧。

诗歌附录

下第

一

漫携长剑赴皇州,剑折皇州返故丘。
策马未沾红杏雨,收竿空忆旧渔舟。
一身流落三更梦,万卷沉酣十二秋。
梦醒秋深沉醉后,月明风寂听莹篌。

二

十年三阅黄金榜,此日长辞白玉墀。
好鸟自啼花落后,疏灯空照梦醒时。
孤舟独树千江雨,短剑寒崖半夜鸱。
春岭青青春树绿,江南亦自有瑶池。

诗歌附录

三

几度春风碧玉楼，云横花落又孤舟。
登船不暇谈心曲，把袂相看感敝裘。
垂白已无骑鹤梦，草玄同是钓鱼俦。
从今高卧松陵上，隔浦丹枫照暮秋。

四

驱车适洛数千里，策马重来敢惮劳。
白首故人欣秉笔，青年宿约负题桥。
壮心已逐江蓠落，华发空随朝槿凋。
梁甫自吟还自听，不堪玉女更吹箫。

五

春榜初开日欲熏,未央紫燕何纷纷。
披裘六月谁知我,操瑟三年不见君。
蕉鹿细看浑是梦,荷衣满目再论文。
何须更踏风尘路,自采江蘋卧白云。

六

桃花零落雁南飞,堤柳青青日影微。
路杳江深千里棹,奚囊夜雨一人归。
空梁影落愁明月,锦瑟声沉负玉徽。
秦客纵然裘敝尽,清宵宁有泪沾衣。

诗歌附录

送春

落日横山山景新,忽闻春尽欲沾巾。
飞花几点客来少,深院三更月半轮。
夜落残杨催宿鸟,云含剩雨待枯鳞。
明年种得桃千树,还待东风作主人。

莫云卿来访

云边鸣鹤远相寻,犹带烟霞入暮林。
白雪故人千里梦,清樽此夜百年心。
梨花满地口沉壑,凋发从风酒漫斟。
莫问枫林怨摇落,鹿门紫气正森森。

烂溪夜泊

载酒携琴访翠微,前村灯火对渔矶。
孤舟自傍芦花宿,老鹤应疑道士归。
明月满前春树冷,好山犹在主人非。
百年心事同流水,半夜闻鸡泪满衣。

问僧

空门心不住,何事独奔驰。
旧寺香灯在,禅心木石知。
白云依古榻,寒雨宿荒祠。
到处多荆棘,无劳远问奇。

诗歌附录

春深闲坐

白日下平林,寂寥生道心。
槐阴淡如雾,坐久落花深。

入山访友

攀萝寻仙踪,云深杳难识。
相逢水石间,一笑暮山碧。

偶题(其二)

红尘飞不尽,日日马蹄忙。

独坐深山里,秋风扫石床。

秋坐

秋深木叶稀,人老自多病。
茫茫大梦中,夜静闻钟磬。

云谷禅师授袁了凡功过格

准百功：救免一人死。完一妇女节。阻人不溺一子女。为人延一嗣。

准五十功：免堕一胎。当欲染竟守正不染。收养一无倚。葬一无主骸骨。救免一人流离。救免一人军徒重罪。白一人冤。发一言利及百姓。

准三十功：施一葬地与无土之家。化一为非者改行。度一受戒弟子。完聚一对夫妇。收养一无主孤儿。成就一人德业。

准十功：荐引一有德人。除一人害。编纂一切众经法。以方术治一人重病。发至德之言。有财势可使而不使。善遣妾婢。救一有力报人之畜命。

准五功：劝息一人讼。传人一保益性命事。编纂一保益性命经法。以方术救一人轻疾。劝止传播人恶。

云谷禅师授袁了凡功过格

供养一贤善人。祈福禳灾,但许善愿不杀生。救一无力报人之畜命。

准三功:受一横不嗔。任一谤不辩。受一逆耳言。免一应责人。劝养蚕、渔人、猎人、屠人等改业。葬一自死畜类。

准一功:赞一人善。掩一人恶。劝息一人争。阻人一非为事。济一人饥。留无归人一宿。救一人寒。施药一服。施行劝济人书文。诵经一卷。礼忏百拜。诵佛号千声。讲演善法,谕及十人。兴事利及十人。拾得遗字一千。饭一僧。护持僧众一人。不拒乞人。接济人畜一时疲顿。见人有忧,善为解慰。肉食人持斋一日。见杀不食。闻杀不食。为己杀不食。葬一自死禽类。放一生。救一细微湿化之属命。作功果荐沉魂。散钱粟衣帛济人。饶人债负。还人遗物。不义之财不取。代人完纳债负。让地让产。劝人出财做种种功德。不负寄托财物。建仓平粜。修造路桥。疏河掘井。修置三宝寺院、造三宝尊像及施香烛灯油等物。施茶、舍棺害一切方便事。自"作功果"以下,俱以百钱为一功。

准百过：致一人死。失一妇女节。赞人溺一子女。绝一人嗣。

准五十过：堕一胎。破一人婚。抛一人骸。谋人妻女。致一人流离。致一人军徒重罪。教人不忠、不孝、大恶等事。发一言害及百姓。

准三十过：造谤诬陷一人。摘发一人阴私与行止事。唆一人讼。毁一人戒行。违背师长。抵触父兄。离间人骨肉。荒年积囤五谷不粜生索。

准十过：排摈一有德人。荐用一匪人。平人一冢。凌孤逼寡。受畜一失节妇。畜一杀众生具。恶语向尊亲、师长、良儒。修合害人毒药。非法用刑。毁坏一切正法经典。诵经时，心中杂想恶事。以外道邪法授人。发损德之言。杀一有力报人之畜命。

准五过：讪谤一切正法经典。见一冤可白不白。遇一病求救不救。阻绝一道路桥梁。编纂一伤化词传。造一讦名歌谣。恶口犯平交。杀一无力报人之畜命。非法烹炮生物，使受极苦。

云谷禅师授袁了凡功过格

准三过：嗔一逆耳言。乖一尊卑次。责一不应责人。播一人恶。两舌离间一人。欺诳一无识。毁人成功。见人有忧，心生畅快。见人失利、失名，心生欢喜。见人富贵，愿他贫贱。失意辄怨天尤人。分外营求。

准一过：没一人善。唆一人斗。心中暗举恶意害人。助人为非一事。见人盗细物不阻。见人忧惊不慰。役人畜，不怜疲顿。不告人取人一针一草。遗弃字纸、暴弃五谷天物。负一约。醉犯一人。见一人饥寒不救济。诵经差漏一字句。僧人乞食不与。拒一乞人。食酒肉五辛，诵经登三宝地。服一非法服。食一报人之畜等肉。杀一细微湿化属命。覆巢破卵。背众受利，伤用他钱。负贷。负遗。负寄托财物。因公恃势乞索、巧索，取人一切财物。废坏三宝尊像以及殿宇、器用等物。斗秤等小出大入。贩卖屠刀、渔网等物。自"背众受利"以下，俱以百钱为一过。

编后记

袁了凡其人与《了凡四训》其书

袁了凡，初名表，后改黄，初号学海，后改了凡。他是中国历史上少有的民间圣贤和思想家，博学多才，通晓天文、地理、兵法、政事、太乙、奇门、星宿等各个领域的知识。他融会禅理和理学观念，认为应当从治心入手来提升自我修养，倡导行善改过，记功过格，其思想对当时的社会产生了广泛而深远的影响。《吴江县志》记载："万历以来，李贽、袁黄之说盛行于世。"袁黄一生作品三十余部，其中《了凡四训》影响最大。

一、诗礼传家与行医世家

袁家自八代祖袁富一开始迁居陶庄（后并入嘉善），到袁黄的高祖父袁顺之时，袁家已经是当地少

编后记

数能拥有四十余顷土地的显贵之家。袁顺还是当地知名的学者，精通儒家经学，曾向王阳明问学。袁顺与当地的名士一同建立礼仪之社，倡导日行善事。《袁氏家训》（袁黄的曾祖父袁颢所著）一书中曾记载，礼仪之社中的成员，各自用一个册子记录每天所行之事，每个月进行一次例会，会上依据个人所行善事的数量排座。袁黄后来也推崇功过格式的修行，与其曾祖父的影响不无关系。

此外，袁黄的曾祖袁颢、祖父袁祥、父亲袁仁也都着力于研究儒家的"五经"著作，皆颇有成就。生活在这样的家庭，袁黄自幼便精通四书五经。在《了凡四训》一书中，随处可见《诗经》《尚书》《易经》《孟子》的观点，可见袁了凡家学的功底。当然，除诗礼之家之外，袁家还是行医世家，这和袁家所遭的一场变故有关。

朱元璋死后不久，建文元年（1399年），明朝爆发了一场统治阶级内部争夺皇位的战争，史称"靖难之役"，这场动乱最终以燕王朱棣的胜利而告终。

在这一大动荡之际，黄子澄反对朱棣登基，袁顺与其密谋匡复。事情败露后，袁氏举家出逃，在嘉善数百年的家业一夜荡尽，姓氏也被剥夺，直至洪熙元年（1425年）才被赐还。

经此一事，袁家的命运彻底改变。袁家逃亡到江苏吴江定居，并且对仕途之路彻底心灰意冷。《袁氏家训》中有记载，袁颢十八岁之时想要去县里参加科举，彼时袁家已被赐还姓氏，但是袁顺依然劝告儿子道："但为良民以没世，何乐如之？"袁颢于是绝了举业的念头，放弃仕途之路。为了生存，袁家自袁颢这一代开始选择行医。

在那个时代，医生是除官吏以外最受人尊敬的职业，当然，道德层面的考虑，也是袁家选择行医的重要原因。袁颢认为："择术于诸艺中，惟医近仁，习之可以资生而养家，可以施惠而济众。"袁颢认为，在众多技艺之中，只有行医是最接近仁的。于是我们就看到了《了凡四训》开篇的话："老母命弃举业学医，谓：'可以养生，可以济人，且习一艺以成名，尔父夙心也。'"

编后记

袁颢在《袁氏家训》中教导子孙："吾家既不求仕，则已绝意于荣贵。而操履之正，自是吾人当行之事，言必谛审，行必确实，而读书明道、约己济人绝无分毫望报之意。"积善之念已深入袁家人的内心，这从《庭帏杂录》中记载的一件事情可以看出，如下所载：

九月将寒，四嫂欲买绵为纯帛之服以御寒。母曰："不可。三斤绵用银一两五钱，莫若止以银五钱买绵一斤，汝夫及汝冬衣皆以枲为骨，以绵覆之，足以御冬。余银一两，买旧碎之衣，浣濯补缀，便可给贫者数人之用。恤穷济众，是第一件好事，恨无力不能广施，但随事节省，尽可行仁。"

袁黄的父亲名袁仁，字参坡，也是比较著名的博学之人，天文地理、历律书数、兵法水利无不通晓，与王阳明以及阳明高足王艮、王畿等在学问上有交往，去世之时遗书两万卷。袁黄自小就通览父亲的藏书，所以涉猎亦十分广泛。

二、个人生平

袁黄生于1533年，十三岁之时父亲去世，他遵循母命放弃了举业，走上几位先辈读书明道、济人养家的道路。直到遇到云南的孔先生，他的人生出现了第一次转机。孔先生精通邵雍的《皇极经世书》，善于推测运数，他告诉袁黄应该走科举之路。

运数推测这种事情对于袁黄及其家庭来说并不算什么神秘的事情，袁黄的曾祖父袁颢便是一位号称得邵雍正传的人，他能通过人的脉搏变化来悬断人的祸福与贵贱。袁黄之父袁仁曾记载过袁颢诊脉的事情：

苏州有一位胡姓官吏，身居显位，听闻袁颢的诊脉手段神妙绝伦，于是特意微服前来求诊。袁颢在为其把脉后说道："心脉圆而清，你应当是一个贵人。"又说："肺金为财，脾土生之。你的脾脉浮沉不定，看来你对金钱有贪欲奢求之心。"袁颢所言句句属实，胡氏羞得满脸通红。袁颢最后劝告他："我从你的脉象中看出，你未来会官至三品，两个儿子将来也能考中进士。当然，只有你能坚守清贫的生活，这些才会

编后记

应验,否则,不但不能应验,你的性命也不会长久。"胡氏听取袁颢的教诲,为官廉洁,后来他的官位与两个儿子的情况都得到了应验。

所以,袁黄在听到孔先生的意见后,并没有全信,也没有弃之不顾,而是将其请回家,察验其推测的准确性。最后,袁黄听取了孔先生的建议,重新事举业,第二年(1551年)参加小试便一举得中秀才。

对于科举之路的艰难,袁黄是有着切肤之痛的。在考中秀才之后,袁黄的应试之路开始坎坷不平,他曾在写给友人的书信中提到过这段艰难的岁月:"弟凡六应秋试,始获与丈齐升;又六上春官,仅叨末第。秦裘履敝,齐瑟知非,落魄春风,孤舟夜雨,此时此味,此恨此心,惟亲尝者脉脉识之,未易为旁人道也。"从这段话可以得知,袁黄历经六次乡试才考中举人。明清时期,乡试每三年举行一次,也就是说袁黄在考取秀才之后,直到1570年,才得中举人。随后他又参加了六次会试,于1586年得中进士,而彼时袁黄已年过半百。其实早在1577年的一场会试中,会试房师就拟荐袁黄为本房第一的,但因他所作策论违逆主试官而最终落第。因为这一事件的影响,他将名字由原来的"袁表"改为大众所熟知的"袁黄"。

在《了凡四训·立命之学》中我们可以看到,袁黄从重新事举业直到得中进士之前,他的人生被孔老先生算定,哪一年考中秀才、哪一年考中举人等重要节点都不出孔先生的预测。于是,袁黄一度陷入一种命运难以改变的宿命感之中,精神枯槁,"终日静坐,不阅文字"。

在拜访云谷禅师之后,他的人生又出现第二次转机。云谷禅师的话——"命由我作,福自己求"——如同一点光芒瞬间照亮了他整个灰暗的人生。这也是《了凡四训》一书的核心观点、立论基础。袁了凡自我反省,审视自己的种种过错,云谷禅师给出了相应的解决方案:"汝今既知非,将向来不发科第,及不生子之相,尽情改刷。务要积德,务要包荒,务要和爱,务要惜精神。从前种种,譬如昨日死;从后种种,譬如今日生:此义理再生之身。"

编后记

云谷禅师的话振聋发聩，点醒了古今不少豪杰之士，曾国藩后来就因为"从前种种，譬如昨日死；从后种种，譬如今日生"这句话而取号为"涤生"。袁了凡遵循教导，日日改过，日日自新，断恶向善。在53岁时，也是孔先生算定袁黄寿终之年，袁黄得中进士，彻底跳出了孔先生所推测的命数。

1588年，袁黄任宝坻知县。在任期间，他革除杂役，减免旧赋，疏浚河道，深得百姓爱戴，以至于宝坻的很多人家绘制袁黄的图像加以祭拜，官府下令禁止亦不能阻止，直到乾隆年间，这种现象依然存在。

1592年，年近六十的袁黄担任兵部主事，正逢日本丰臣秀吉率兵侵略朝鲜，明朝大举增援朝鲜。袁黄受到蓟辽经略宋应昌的推荐而作为随军参谋奔赴前线。其间，袁黄还负责文书的起草、代表宋应昌与朝方进行信息的沟通、催促粮草供应等工作。

提督李如松假意许给倭寇高官俸禄以议和，倭寇信以为真，李如松趁其不备攻破地势险要的平壤之地。袁黄不满提督李如松使用诡诈的手段，且李如松所率士兵杀害无辜百姓,于是与其据理力争。李如松大怒,率军东去,袁黄所部孤立无援,受到攻击,所幸袁黄机智应对将倭寇击退,而李如松军大败。李如松遂编织罪状弹劾袁黄,在奔赴朝鲜战场的第二年,袁黄便被削职而归家。

袁黄回家后仍然致力于行善,去世后直到明天启年间冤案才得以平反,朝廷追封他为"尚宝司少卿",然古来达到立德、立功、立言"三不朽"之人最终少了一个。

三、《了凡四训》内容梳理

《了凡四训》一书是阐述修身律己、安身立命之道的。第一部分讲"立命",也是《了凡四训》的精华和主题所在。袁黄以自己由信命认命到行善积德、最终改变自身命运的真实经历来勉励世人奋发向上,不要自暴自弃抑或是随缘顺受。因为"命由我作,福自己求",一个人是有命运的,而其命运可以通过自己的努力而改变,更具体地来说,当自身的心性状态

编后记

发生改变，人生也就会随之而改变。

改变自身心性的途径便是改过和行善。然而第二篇为何先谈改过？其实大多数人都会有意无意地逃避自己的过失，能时刻直面过失并加以改正的人少之又少。古语有云："过而能改，善莫大焉。"改过实际是第一大善，不知道改过的人，就像漏了底的容器，再行多少其他善事也难以收到效果。因此，未论行善，必先改过，是为"改过之法"，以此作为行善求福的保障。

一个人若做到知过就改，行善的容器即已成，那么便要了解行善的方法和道理，这便是"积善之方"。在这篇内容中，袁黄用多个案例来说明十个最基本的行善方法，即与人为善、爱敬存心、成人之美、劝人为善、救人危急、兴建大利、舍财作福、护持正法、敬重尊长、爱惜物命。善行无穷无尽，不能一一细数，由此十事而推广，则万德可备。

第四篇是"谦德之效"。《尚书》曰"满招损，谦受益"，袁黄讲"惟谦受福"，都是在强调谦虚方能使人受益。不只儒家，佛、道两家都强调为人要谦虚，道家讲究不为人先、处下，佛家讲究去除我执我慢，因此可以说，谦虚是我们历来推崇的美德之一。袁黄十分重视谦虚，甚至单独用一篇的内容来阐述其重要性，其实最主要的目的便是想提醒大家，行善也好，改过也罢，都是久久为功之事，万万不可自满。袁黄认为："稍有识见之士必不忍自狭其量，而自拒其福也。况谦则受教有地，而取善无穷，尤修业者所必不可少者也。""人之有志，如树之有根，立定此志，须念念谦虚，尘尘方便，自然感动天地，而造福由我。"人能谦虚为怀，则行善、改过唯恐不足，最后才能使立命收到效果，达到改造命运的目的。

其实，古代善书层出不穷，独《了凡四训》能广传于世，并在当下的环境中也极受欢迎，最大的原因就在于他鲜明的功利性。许多倡导行善的观念所追求的是一种崇高的精神境界，抑或是来世的效果，功名富贵似乎过于世俗而与行善格格不入。《了凡四训》一书却并不忌讳言功名富贵，既要做好事，也要问前程，从而容易为大众所接受，不会流于虚伪。

编后记

《了凡四训》初刊时名为《立命篇》(也就是目前《了凡四训》一书里的"立命之学"),在明朝末期刊行后流行于江南地区。当时的社会商业化态势渐现,社会阶层之间的界限逐渐模糊,很多处于较低社会地位的人都力图采取各种办法改善自己的境况和提高自己的地位,而《立命篇》这样具有鲜明的功利性的善书迎合了当时相对快速和剧烈的社会阶层的流动的需要,成为很多人"向上流动的指南",所以《立命篇》一经刊布就很快流传开来。

后人在袁黄的著作中整理出另外三篇内容,与《立命篇》一起合称《了凡四训》。袁了凡将儒、释、道三家有机融合在一起,形成了一种高超的为人处世哲学,并且这种哲学具有很强的实践性。在今天,袁了凡有着其他贤哲没有的魅力,相比老子、孔子这样寥寥无几的至圣,袁了凡对于普通人来说就显得亲切许多,因此《了凡四训》在当下备受欢迎。